事業構想型

ブランドコミュニケーション

BRAND COMMUNICATION

竹安 聡

学校法人 先端教育機構
事業構想大学院大学出版部

事業構想型
ブランドコミュニケーション

目次

【注釈】本書内、社名記載について
本書内では言及する時期によって、現・社名のパナソニックが松下電器産業、松下電工と記されている箇所もある。筆者が入社した松下電工株式会社は2008年10月1日、パナソニック電工株式会社に社名変更(同日、松下電器産業株式会社は、パナソニック株式会社に社名変更)。2012年1月1日、パナソニック株式会社はパナソニック電工株式会社を吸収合併した。

はじめに

理念に基づくブランドコミュニケーションと事業構想

１００年の歴史を貫く、創業者・松下幸之助の理念

２０１８年3月、パナソニックは創業１００周年を迎えた。１９１８年3月7日、大阪市北区の二階建の借家で23歳の所主・松下幸之助が「松下電気器具製作所」を創設。以降、高度経済成長やグローバル化といった社会の変化と共に事業や商品の形を変え、また社名を変え、従業員25・9万人、連結売上高7兆５０００億円（２０２０年3月期）の規模へと成長しながら歴史を重ねてきた。

１００周年を節目とし、２０１８年度にはこれまでの足跡を振り返る、さまざまなコミュニケーションを行ってきたが、社名や事業内容は変われども、１００年にわたり貫かれてきたのは、創業者・松下幸之助が掲げた経営理念であることを再認識できた。

筆者は１００周年当時、パナソニックの執行役員、チーフ・ブランド・コミュニケーション・オフィサー（ＣＢＣＯ）として、ブランドコミュニケーションを統括する、実践者の立場にあった。１００周年の節目で見えた理念に基づくパナソニックという企業のブランドコミュニケーションの系譜をまとめることは、本著のひとつの目的であり、ブランド戦略・コミュニケーションに携わる方にとって、実務に役立てていただく機会になれば、望外の喜びである。

生活提案のある宣伝活動から新規事業が生まれる

加えて本著では、経営理念に基づくブランドコミュニケーション活動が、企業に与える効果について「ブランド価値の向上」以外の新たな視座を提示することを目的としている。筆者はコピーライターとしてキャリアをスタートし、その後「エイジフリー」という介護関連の新規事業開発に携わる経験を得て、現在は事業構想大学院大学（学校法人先端教育機構）に教授としても参画している。

自ら新規事業を創造する役割も得たことで、ブランドコミュニケーションとは社内外へのブランド発信に留まらず、ブランド価値の向上を通じて、企業に貢献するという重責を担っている、との考えを深めていった。なぜならパナソニックの１００年の歴史を振り返るとき、理念に基づくコミュニケーション活動の蓄積が、ビジネスイノベーション、さらにはソーシャルイノベーションを起こしてきたからである。第２章で詳述するが、企業においてブランドコミュニケーション活動とは、事業構想のインキュベーションとなりうるものと考えている。

パナソニックにおいては、宣伝活動には常にお客さまに対する生活提案が必要であるとの考え方が浸透している。そして生活提案のある宣伝活動を行おうと考える時、社会環境やお客さまの生活、世相や価値観といったものの探求が必要となる。つまり、宣伝活動を担う部門が、これからのくらしや社会を構想する「ラボ」的な機能を果たすことが求められている。

例えば、最近のパナソニックの生活提案のひとつに「家事シェア」がある。これは家電と家事をシェアしようとする考えで、共働き世帯の増加など、家族構成や生活スタイルの変化に合わせた新しいくらし方の提案になっている。

こうした考えを基に社会に対して新たなくらし方を、コミュニケーション活動を通じて発信。その発信に対するフィードバックを得て、お客さまや社会の声を自社に取り込み、新規事業、商品・サービスとして具現化することにつなげていく。発信とフィードバックのサイクルを通じて、既存の商品・サービスを進化させ、さらには新たな事業構想へとつなげていくことがコミュニケーション部門には求められている。

宣伝をはじめとするブランドコミュニケーション活動は、すべて企業の存在意義とも言える理念に基づくものである。それゆえに、そこで生み出される事業構想は、社会にとって価値あるもの、ソーシャルイノベーションを生み出す可能性が高いと言えるだろう。

理念に基づくコミュニケーションから生まれた生活提案、さらにそこから生まれる事業構想は、経済的価値だけでなく社会的価値をも担保している可能性が高い。

第9章で詳述するが筆者は今、ＳＤＧｓ（Sustainable Development Goals）ブランディングから新たな事業を構想する取り組みをしている。ＳＤＧｓは今の時代の事業に必要とされる、社会的価値を持った事業構想において触媒となりうるものであり、本著ではＳＤＧｓとブランドコミュニケーションを掛け合わせることで生み出される今日的な事業構想の方向性についても言及したい。

第1章

100年にわたり継承される、パナソニックの経営理念

松下幸之助が掲げた、経営の哲学

企業とそのステークホルダーをつなぐものは、経営理念である。筆者が長く、携わってきた宣伝活動においては、ステークホルダーの中でも特に、消費者との関係性が重視されるが、そこでも常に経営理念を基軸に関係性を構築するよう努めてきた。

企業とステークホルダーをつなぐものが経営理念だとするならば、その思想は常にわかりやすく言語化され、共有できる状態にしておくことが重要だ。松下幸之助も「この会社は何のために存在しているのか、この経営をどういう目的で行っていくのかという点について、しっかりとした基本の考え方を持つことが重要」（松下幸之助『実践経営哲学』1978年）と語っている。

そこでパナソニックでは、経営理念を体現する言葉をこのようにまとめている。

◆綱領：事業の基本目的や使命、企業の存在意義
◆信条：仕事の心構え
◆松下電器の遵奉すべき精神：社員のあり方

パナソニックの経営理念の形成と体系

1929年	**綱領** (Basic Management Objective) 事業の基本目的・使命、パナソニックの存在意義 **信条** (Company Creed) 仕事の心構え
1932年	**所主告示** (President's Declaration)
1933年	**松下電器の遵奉すべき精神** (Seven Principles)
1935年	**基本内規第15条** (Basic Internal Rules,Articles 15) 心の戒め(一商人なりとの観念)

昭和恐慌の最中にもかかわらず、松下電器の業績は順調に伸長していた。こうした中、松下幸之助は企業の社会的責任の大きさを認識。「松下電器は社会からの預かりもの。会社を正しく経営し、正しく発展させることで、社会の発展と人々の生活の向上に貢献するのは、当然の務めである。これこそが事業の正しいあり方である」という思いを強くしたという。そこで1929年3月に松下電器の社会に対する責任を明示した「綱領」と、併せて「信条」を制定。信条は社員一人ひとりが仕事を進行する上で、基本となる心構えを示したものだ。

綱領・信条

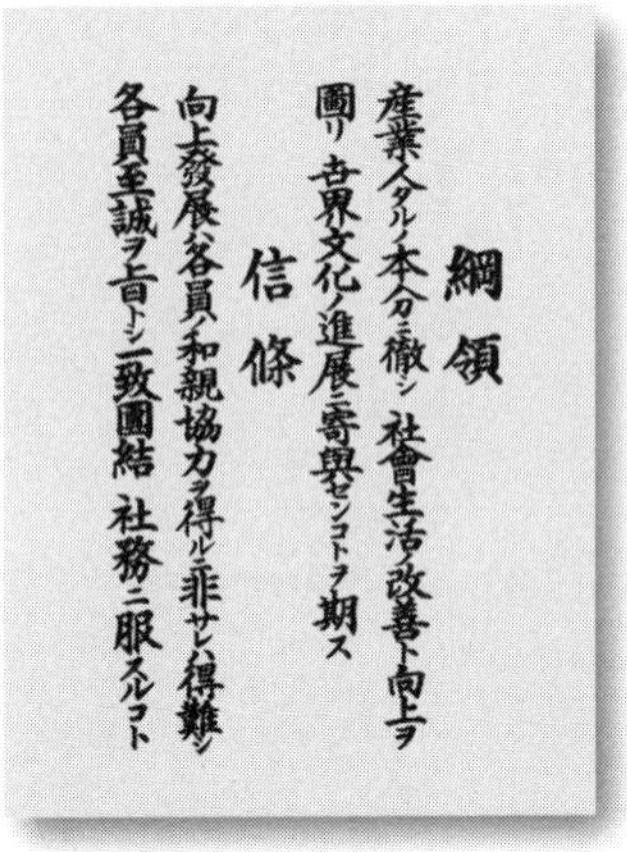
綱領

産業人タルノ本分ニ徹シ社會生活ノ改善ト向上ヲ圖リ世界文化ノ進展ニ寄與センコトヲ期ス

信條

向上發展ハ各員ノ和親協力ヲ得ルニ非サレハ得難シ各員至誠ヲ旨トシ一致團結社務ニ服スルコト

松下電器の遵奉すべき精神

松下電器の遵奉すべき精神

一、産業報國の精神
産業報國は當社綱領に示す處にして我等産業人たるものは本精神を第一義とせざるべからず

一、公明正大の精神
公明正大は人間處世の大本にして如何に學識才能を有するも此精神なきものは以て範とするに足らず

一、和親一致の精神
和親一致は既に當社信條に掲ぐる處個々に如何なる優秀の人材を聚むるも此の精神に缺くるあらば所謂烏合の衆にして何等の力なし

一、力闘向上の精神
我等使命の達成には徹底的力闘こそ唯一の要諦にして眞の平和も向上も此の精神なくては贏ち得られざるべし

一、禮節謙讓の精神
人にして禮節を紊り謙讓の心なくんば社會の秩序は整はざるべし正しき禮儀と謙讓の徳の存する處社會を情操的に美化せしめ以て潤ひある人生を現出し得るものなり

一、順應同化の精神
進歩發達は自然の攝理に順應同化するにあらざれば得難し社會の大勢に即せず人為に偏する如きにては決して成功は望み得ざるべし

一、感謝報恩の精神
感謝報恩の念は吾人に無限の悦びと活力を與ふるものにして此の念深き處如何なる艱難をも克服するを得眞の幸福を招來する根源となるものなり

1933 年 7 月、松下幸之助は会社がさらに発展するためには、今の気風をさらに進化・持続することが重要と考え、「松下電器の遵奉すべき五精神」を制定。1937 年にさらに 2 つの精神が加わり、現在は「七精神」になっている。

綱領には、事業を通じて世界の人々の生活をより豊かでより幸福なものにするという、パナソニックグループの事業の目的とその存在理由が簡潔に示されている。パナソニックは創業以来、これを経営理念の中核に据え、すべての事業活動の基本としてきた。「社会の公器」にふさわしい経営や行動を心がけ、本業であるものづくりを通して「経営理念」の実践に努めていく。これこそが、経営のサスティナビリティそのものである。

ちなみにパナソニックの経営理念についての考察は、これまで数多くの書籍で論じられている。本著は経営理念の解釈を深めることが目的ではなく、経営理念とブランド戦略、さらには、ブランドコミュニケーションの関わりを論じることを目的とするものである。したがって経営理念についての解釈は、ポイントのみを抜粋しての紹介に留めている。

また本著では、この後の章で、「企業理念」と「経営理念」という2つの表現が出てくる。読者の中には、その使い方に違和感を抱く人もいるかもしれないが、パナソニックでは一般的に企業理念という言葉が使われる場面でも、常に経営理念という言葉が使われてきた。これは、その時々の経営の中で常に企業理念を具現化することが自然のこととして考えられてきたためだ。この言葉の使い方も、パナソニックという企業の理念に基づくコミュニケーションの考えの表れの一例とご理解いただきたい。

経営理念とブランドコミュニケーション戦略のかかわり

筆者は経営理念を実践することで、将来にわたってお客さまとつながり続ける、その「絆」こそが「ブランド」であると考えている。松下幸之助はかつて「我々は見えざる大衆と契約をしている」と述べた。ブランドの定義は世の中にさまざまあるが、「企業は社会の公器である」という考え方をベースにすると、事業活動を通じて、世の中の人に何を提供して役立っていくのか、社会に対する価値の提供と約束こそがブランドの価値そのものと考えられるのだ。その約束は大衆＝顧客に限らず、社外のステークホルダーとの約束でもある。

この、ブランドを「絆」づくりだと捉える考えは、近江商人の「三方よし」に通じるものがある。鎌倉時代から江戸時代にかけて活躍した滋賀県近江の商人たちは、一介の商人から一代で巨万の富を築いたことで有名である。その秘密は何か。彼らは江戸時代には珍しく、近江の特産品を担いで、他の地域に行って販売したのだが、次第に商売先の土地で有力者と知り合いになり、信頼関係を築くと、地域の商人たちを集めて委託販売を行うようになっていった。

さらに宿屋との信頼関係を築き、宿泊させてもらうだけではなく、債権回収や情報収集などの役目を果たしてもらうようになっていく。「自分たちだけが儲かればよい」という意識ではなく、周囲の人たちを巻き込み運命共同体をつくっていったのである。この近江商人のエピソードは、「売り手よし、買い手よし、世間よし」の「三方よし」の思想として知られている。

「売り手よし、買い手よし」だけでなく「世間よし」の概念が加わることが大きなポイントである。この思想について、近江商人研究の第一人者である故・小倉榮一郎氏（元・滋賀大学教授）は、著書の中で近江商人に伝わる家訓を引用しつつ、このように解説している。

「三方よし　他国へ行商するも総て我事のみとは思はず、其の国一切の人を大切にして、私利を貪ること勿れ……」

（五個荘　中村治兵衛家「家訓」）

「江戸時代、幕藩体制の中で、体制からはみ出していた近江商人が、その存在価値をどのようにして認めてもらい、存続を許されたか。

売手によし、買手によしは常識で、顧客は王様などともいうが、世間によしという三つめが近江商人の特色で、自分の商場に貢献したが故に存続しえたのである」

（小倉榮一郎『近江商人の理念』）

藩ごとに経済計画を立て、他藩との間の交易は藩自身が担当する幕藩体制の中では、「商人は体制の一駒という立場でしかなかった」。こうした統制からはみ出した存在の近江商人は、藩の為政者の目には「藩内の蓄財を流出せしめる泥棒のように侵入する存在」と映りかねなかったという。それでも近江商人が藩から締め出されず、江戸時代中期を過ぎて各藩特有の国産品生産が推奨されるようになると、入国禁止どころか歓迎されるようになったのは、近江商人が展開していた独自の出店網が、地域の生産振興を推進させたからである。「幕藩体制下の商人でない近江商人にとっては、出先の商場で経済的貢献をすることが存在を赦される理由であり、これが『世間によし』の意味である」

蛇足ではあるが、近江商人研究者の故・小倉榮一郎教授は、江戸時代の経済史の研究者であった筆者の父（竹安繁治）と滋賀大学の経済学部で同僚の立場にあり親交があった。加えて筆者の妻は近江商人の末裔で現在、滋賀県にある生家は「近江日野商人ふるさと館『旧山中正吉邸』」として一般公開されている。理念に基づくブランドコミュニケーションを実践する上で、こうした縁が自身の考えにも影響を与えていると考えている。

近江商人の「三方よし」の考え方は、2011年にハーバード・ビジネススクールのマイケル・ポーター教授によって提唱された新たな経営モデル「CSV（Creating Shared Value：共有価値の創造）」とも相通じる考えだ。同氏の指導を受け、現在は日本企業ならではの強みに着眼したCSVの新たな解釈を示す、一橋大学大学院の名和高司教授は、著書の中でCSVについてこのように解説している。

「これまでの資本主義は、経済価値の創造のみを追求した結果、社会的な価値と乖離した利益至上主義を助長した。一方で、社会課題が幾何級数的に膨らんでいく中で、税金や寄付を当てにしたNPOやNGOの活動だけでは、焼け石に水だ。新しい富の創造なくして、富の分配を論じても、本質的な課題の解決にはならない。社会課題を解くことによって、新たな価値が創造され、それが経済的リターンを生む。そのような社会と経済の正の循環を作ることこそ、資本主義の本来の役割だとポーター教授は主張する」

（名和高司『CSV経営戦略―本業での高収益と、社会の課題を同時に解決する』）

ポーター氏の主張に対して名和氏は、日本企業の価値観を代表するものとして近江商人の「三方よし」や渋沢栄一の『論語と算盤』などを挙げた上で、こう語る。

パナソニックの経営理念とブランドスローガン

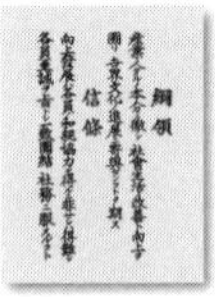

産業人たるの本分に徹し

社会生活の改善と向上を図り

世界文化の進展に寄与せんことを期す

A Better Life,

BtoC／幸せが持続する「よいくらし」の実現

A Better World

BtoB／サスティナブルな社会の実現

「『売り手良し、買い手良し』や『算盤』を経済価値、『世間良し』や『論語』を社会価値と置き換えてみる。すると、ＣＳＶ経営とは、実は日本企業の伝統的な経営思想ときわめて近いもののようにも見える」

２５０年前から脈々と受け継がれてきた、近江商人の「三方よし」。また、現代の経営戦略のキーワードでもある「ＣＳＶ」。どちらも本質的には同じことを指している。松下幸之助はそれを「共存共栄」と表現した。さまざまなステークホルダーとの信頼関係を築くことが経営の根幹であり、社内外を問わず信頼をベースに構築された関係の上に事業が成り立つと示したのである。

パナソニックが2013年に新たに掲げたブランドスローガン「A Better Life, A Better World」もまた、社外ステークホルダーとの絆を示した言葉である。「A Better Life」=幸せが持続する「よいくらし」の実現、「A Better World」=サスティナブルな社会の実現。ブランドスローガンは経営理念を実践し、顧客をはじめとする社外関係者との絆を築くための標語と言えるだろう。

中国現地企業の「鼎業《ていぎょう》」

創業100周年を迎えた2018年は、パナソニックにとって中国進出40周年にもあたる。1978年に鄧小平氏が松下電器（現・パナソニック）を訪問、1987年には北京・松下採色顕像管有限公司を設立（※現在は終息）、2018年には北京に松下記念館を開設するなど、古くから中国とは深い関りがある。

2018年にパナソニックが中国で協業している会社を訪問した際、中国でも先の「三方よし」に近い思想があることを知った。その会社とは北京松盛元环境科技有限公司。その経営トップに聞いたのが「鼎」という壺の話だ。

3本の脚がある中国の壺の「鼎」

©123RF

パナソニックが協業する中国の企業の経営者は、経営に必要なものを説明する際、この壺をたとえに用いていた。

中国にある壺の「鼎」の3本の脚を、それぞれ経営に必要な「共有機制」「人脈システム」「技術システム」で表現し、それのひとつでも欠けると経営が成立しないと話してくれた。こうした思想を大事にするトップだからこそ、パナソニックの理念にも共鳴し、また工場内に松下幸之助の言葉が掲げられるなど、中国においても理念が継承されていることがわかった。

北京松盛元环境科技有限公司では、共創・共業・Win-Winというスローガンも掲げていた。これは前述の「三方よし」や「CSV」の概念とも通じるところだが、昨今はSDGs（Sustainable

「WHY」から発想する「ゴールデンサークル」の考え方

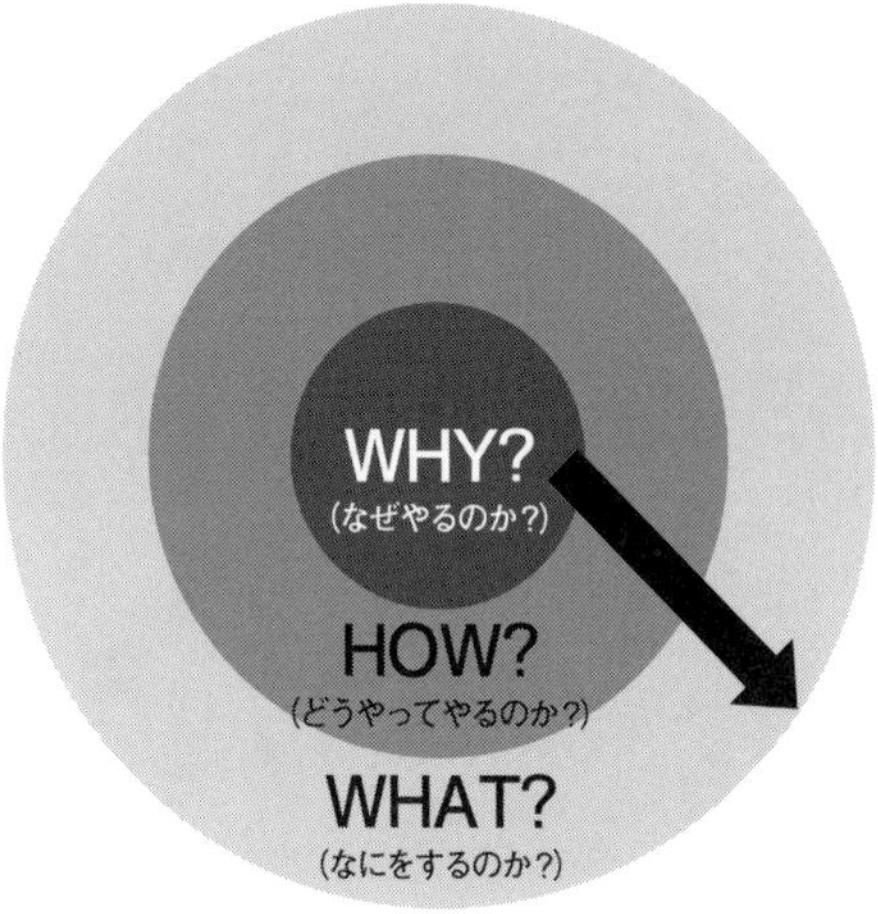

Development Goals）に対する産業界の注目が高まっているように、事業構想に際して、これまで以上に社会課題の解決が求められるようになっている。

社会課題の解決を起点にした事業構想として、参考になる概念のひとつが、サイモン・シネック氏が提唱する「ゴールデンサークル」の考え方だ。

自分たちが何を提供するか（WHAT）から考えるのではなく、その事業・商品が必要とされる理由（WHY）から考えることで、社会課題の解決につながる事業構想につなげるというアプローチであるが、この図に当てはめてみると、松下幸之助の創業に際しても、実は「ゴール

「ゴールデンサークル」に当てはめたパナソニックの事業展開

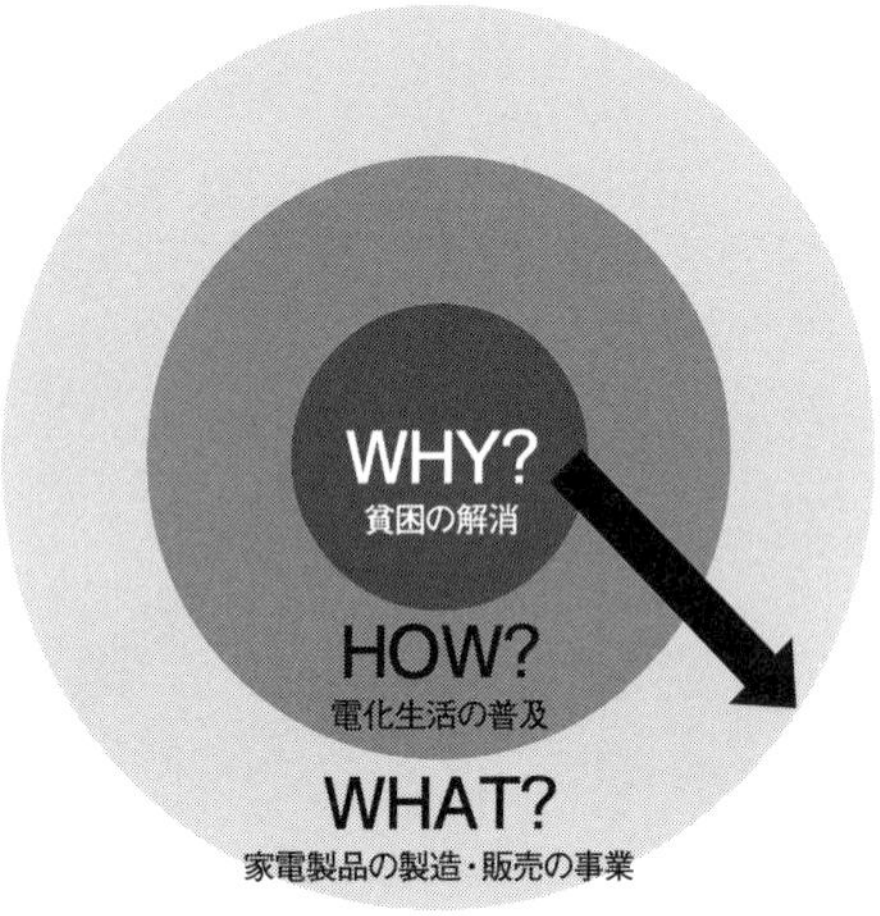

デンサークル」に近しい考え方で事業がつくられていたことがわかる。具体的にはWHYに「貧困の解消」を置き、その問題をどう解決するか（HOW）という手段として「電化生活の普及」を選び、「家電製品の製造・販売」の事業をつくる（WHAT）に至っている。

現在、パナソニックではSDGsを起点にした事業開発という考え方が浸透しつつあり、その内容は第9章で詳述するが、その背景には企業そして事業の核には「WHY」、つまりはなぜその事業が社会から必要とされるのかという理念が必要との考えがある。

この「ゴールデンサークル」の考え方は、事業構想だけでなく、広告宣伝においても応用することができるものだ。本来、企業の社会的使命や社会に対する志（ＷＨＹ）がベースにあり、その上で具体的なコミュニケーションの方法（ＨＯＷ）や内容（ＷＨＡＴ）を考えていくべきである。しかし広告宣伝の現場においては、ＨＯＷやＷＨＡＴから議論が始まってしまうことも少なからずある。

広告宣伝も経営理念がベースになるべきだと筆者は捉えているし、本著で紹介する１００年の活動の系譜は経営理念、つまりはＷＨＹから発想したブランドコミュニケーションの歴史という側面から解説していきたい。

エイジフリー事業の立ち上げと組織の求心力をつくる理念の役割

経営理念の実践は、ブランドスローガンのようなコミュニケーションにおける発信に留まらない。企業のあらゆる活動が理念に基づき、実践されていることが必要であり、例えば新たな事業構想においてもまた、理念が貫かれているべきである。

こう考えるに至ったきっかけは、１９９８年に介護事業の「エイジフリー」立ち上げに関わった時にさかのぼる。当時、この介護事業以外に、メディカルエンジニアリング、ホームオートメーションなど複数の新規事業プロジェクトが立ち上がっていた。それまで家電や住宅設備などを通じてくらしを支える貢献に努めてきたが、その資源を生かして、新たな事業に挑戦しようとする試みであった。

そうした新規事業のひとつが介護事業であったのだ。エイジフリー事業のスタートは１９９０年代後半。介護付有料老人ホームの開設から始まった。その後、２０００年4月に施行された介護保険法に対応し、在宅向けの介護サービスや介護リフォーム、介護用品・設備の開発、介護ショップの展開へと事業は広がっていった。

メーカーが、労働集約型のサービス産業に本格的に取り組むことになったとき、第一に重視したのはサービスを提供する「人」、従業員のあり方であった。そこで、共通の価値観で顧客と向き合うために、サービスにおける行動指針を、自らの言葉でつくり込んでおく必要があると考えた。もちろん、その理念・指針の前提にはパナソニックとしての経営理念がある。

当時、在籍していた１５０人程度の社員が10人で1チームをつくり、それぞれのチームで「エイジフリー」の理念や信条、行動指針のワードを考える。チームごとの発表内容を皆で協議してまとめていく。まさに社員自らの手で会社の理念や信条、行動指針をつくり上げていったのである。

そうしてつくられたのが、現在も引き継がれる「エイジフリー」の理念、信条、行動指

エイジフリーの事業において掲げた理念

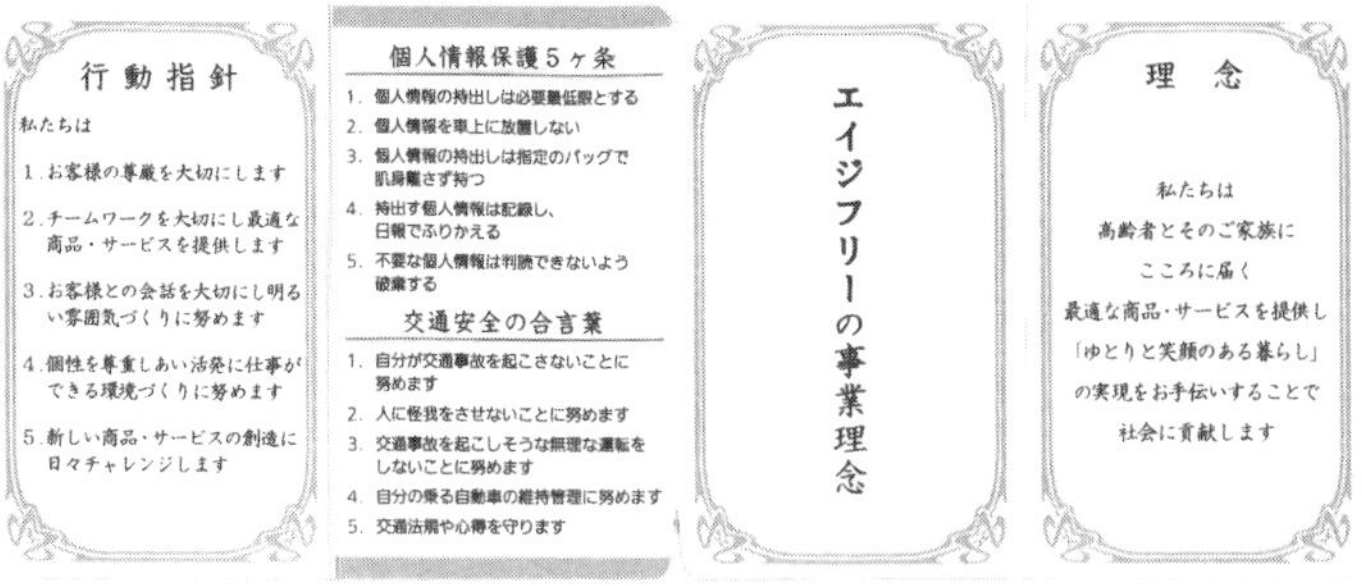

針である。

理念
私たちは高齢者とそのご家族のこころに届く最適な商品・サービスを提供し「ゆとりと笑顔のある暮らし」の実現をお手伝いすることで社会に貢献します

信条
私たちは
一、お客様の尊厳を大切にします
一、チームワークを大切にし最適な商品・サービスを提供します
一、お客様との会話を大切にし明るい雰囲気づくりに努めます
一、個性を尊重しあい活発に仕事ができる環境づく

りに努めます
一、新しい商品・サービスの創造に日々チャレンジします

事業の理念や行動指針を社員自らが考える、このプロセスこそが、新規事業の立ち上げや経営の求心力となる。松下幸之助の言う「ものをつくる前に、人をつくる」とは、まさにこういうことなのである。経営理念は、「顧客との絆」としてブランドに、また事業展開における具体的な行動指針にも貫かれる哲学と言えるだろう。

またエイジフリー事業の立ち上げについては、『事業構想の実践知――パナソニックの介護事業を例に』（事業構想研究第2号）にて詳述する機会を得たので、そちらを参照いただきたい。

理念は浸透させるものではなく共感してもらうもの

2002年にエイジフリーの経営理念と信条を制定。このプロセスを通じて、従業員一人ひとりの会社や事業に対する思いや考えを知ることができた。ここでは、皆の気持ちを汲みながら思いを整理し、経営理念へと昇華させていった。その後、事業が拡大し、従業

エイジフリーの31の行動指針

パナソニック　エイジフリーショップス　会社の考え方

1. 会社の夢と個人の夢を同じにする
2. 仕事は「やる」ものであって「やらされる」ものではない
3. 仕事を好きになる
4. 全員参加で経営を行なう
5. ガラス張り経営を行なう
6. 高い目標（志）をもつ
7. 楽観的に構想し、悲観的に計画し、楽観的に実行する
8. 素直な気持ちで願望を描く
9. 目標・願望を潜在意識まで到達させる
10. ベクトルを合わす
11. 原理原則に従う、何が正しいかを判断基準におく
12. お客様第一主義で考え、感動を与える
13. 良く議論し、決定した事に対して全力を尽くす
14. 自ずから燃える（火種となる）
15. まず、「はい」から始める
16. 誰にも負けない努力をする
17. 「やれない」理由でなく、「やれる」理由を見つける
18. すべての結果は自分の責任
19. 私心のない判断を行なう（動機善なりや私心なかりしか）
20. 毎日、小さな創意工夫をつづけて行なう
21. 感謝の気持ちを持つ
22. ライフの充実を仕事に活かす
23. 本音でぶつかれる人間関係を作る
24. 愛情をもって人に接する
25. 人間の無限の可能性を追求する（知恵は無限大）
26. 物事の本質を見極める（何故何故で探求を）
27. 仲間のために頑晴る
28. 現状打破をいつも考える開拓者となる
29. 真の勇気をもつ
30. 約束を守る
31. 愛嬌のある人になる

員数も増加した2008年に行動指針を制定。パナソニックで「遵奉すべき精神」を掲げているが、エイジフリーにおける行動指針はそれに準じるものだ。

行動指針は31の項目からなり、毎朝の「朝会」で、発表当番が話したい指針をひとつピックアップして、自分なりの考えを皆の前で発表してもらうようにした。パナソニックには伝統的に朝会での「所感発表」という慣習があり、持ち回りで自分が考えていることや感銘を受けたことについて自由に発表する場があるのだが、エイジフリーでも朝会、所感発表を踏襲したのだ。

こうした活動を行った目的は、理念や行動指針に従業員の共感を醸成することだ。よく理念の「浸透」という言葉が使われるが、「浸透を図る」という言葉からは上意下達の印象を受ける。パナソニックにおける理念の継承を見ると、理念は浸透させるものではなく、共感してもらうものだと感じている。

何のバックボーンも持たない新入社員のうちは、社会人としての心構えに始まり、企業としての考えをしっかりと伝え、理解してもらうことが必要である。しかし、お題目のように理念や行動指針を唱えるだけでは駄目で、自分なりの意見や考えを持たなければ共感は生まれない。そこで行動指針に対する自身の考えを発表してもらうことにしたのだ。

ときに組織の考えに、批判を持つこともあるだろう。それを頭ごなしに否定しても、コミュニケーションは始まらないし、そうした批判も含め、自分の頭で考えてもらうことのほうが大切だ。また、そうした齟齬も現場で仕事をしはじめると薄れ、その理念や指針に共感が生まれていくことが多かった。

このプロセスを経ても、どうしても個人としての哲学と相いれないという従業員も出てくるだろう。自分が属する組織の理念に共感できるか否かは、従業員一人ひとりの人生においても重要なことだ。もし理念にどうしても共感ができない場合には、違う道を考えることも必要だろう。会社を選ぶ、仕事を選ぶ際においても、理念への共感はますます重要な基軸になっていくのではないだろうか。

特に介護のような従業員が介在するサービス業態においては、理念への共感が極めて重要になる。そう確信したのが、『週刊ダイヤモンド』誌上で発表された有料老人ホームランキング（2019年10月12日号掲載）を見た時だ。本ランキング内で、大阪府の介護型1位の有料老人ホームに選ばれたのが、枚方市にある「エイジフリー・ライフ星が丘」。パナソニックグループの技術を生かし、最新の機材やICTの活用などを積極的に進めていることもあるが、それだけでなく、設立当時の理念が浸透したことで、顧客満足を実現しているのではないかと考えている。

企業の存在意義は変わらずとも、表現はアップデートすべき

2002年にエイジフリーの経営理念をつくった際、特にパナソニックの理念を踏まえて継承しようと意図したわけではなかった。あえて意識しなくとも、従業員はその理念を頭にも体にも浸透させていると考えていたからだ。

2013年にパナソニックの新しいスローガン「A Better Life, A Better World」を策定した際も、同じことを感じた。このスローガンを策定する際にも、理念や綱領などをもとに発想したわけではなかった。しかし完成した「A Better Life, A Better World」というスローガンは、パナソニックが綱領として掲げてきた「産業人たるの本分に徹し社会生活の改善と向上を図り世界文化の進展に寄与せんことを期す」という項目と、結果的に共通していた。これは、決して綱領を現代風に焼き直した表現を考えようと思ってつくったわけではなかったのだ。

松下幸之助は談話の中で「自分の思いを周知徹底する」というお題で、企業の経営層は自らのビジョンを持ち、それを発信すべきだという言葉を残している。また、事業部独自の理念をつくってもよい、と言及している。それぞれの事業部の色合いがあってよい、それが独自性を生み出すのだ、と。こう発言した背景には、事業部長クラスであれば、経営理念を体得しているという信頼があったからだと考えている。

企業は人間の集団活動であるがゆえ、事業を行おうとするとさまざまな軋轢が生じるものだ。その軋轢を、現象面だけを捉えて解決しようとするには限界がある。ベースに共通の理念がないと、問題解決をする際にお互いに理解しあうことはできないだろう。事業構想は「存在次元」、「事業次元」、「収益次元」の3つで構成されるが「存在次元」、つまりは理念が必要であるということを、エイジフリーの事業を通じて理解することができた。

理念は基本的な考えは踏襲しつつ、環境に合わせたアップデートが必要である。むしろ、変化をしなければ組織が硬直化しかねない。企業が存在する理由は普遍であっても、その表現は日々更新していくべきではないか。現在の事業や経営の状況を踏まえ、基本となる考えをどう解釈し、理念を実践していくかを常に考え続けることも、理念に基づくブランドコミュニケーションを考える上で必要な視点と言えるだろう。

社外とのパートナーシップ確立にも影響を与える経営理念

組織の活性化を考える際、経営理念への共感は社員だけに有効なことではない。社外の企業とのパートナーシップ確立に際しても、理念への共感が非常に重要になるのだと理解する出来事があったので、ここに紹介したい。

経営企画部門に在籍していた頃、あるM＆Aに関わった。2007年、松下電工（当時）はインドにおける住宅照明事業を本格展開するため、インド最大規模の電設資材メーカーであるアンカー社とのM＆Aを行った。今日では日用品を主に取り扱うメーカーであるアンカー社は当時、リソースの分配先を絞って投下するため、配線器具の事業の売却先を探していた。

インドでナンバーワンのシェアを誇るアンカー社のもとには、世界中のさまざまな企業からオファーがあった。欧州の名だたるメーカーと協業することは、彼らにとって我々が提示した以上の経済的なメリットがあったはずだ。しかし創業者の兄弟にとって、会社を創設するに至った思い入れの深い事業である。工場設立や商品開発の細部に至るまで、アンカー社の深いこだわりがあった。

経営者の深い思い入れを知った我々は、東京に訪れた創業者兄弟を、三重県津市の津工場に案内した。津工場は、配線器具に関しては老舗の工場であり、品質管理や生産性の向上など徹底して行っている。そこで彼らが見たのは、わずか3名の「松下電気器具製作所」から始まるパナソニックの社史、そして創業商品である高機能アタッチメントプラグだった。便利で品質のよい配線器具をつくれば、一般家庭にも大きな需要があるはずだと信じた創業当時の思い、また、松下幸之助の「企業は社会の公器である」という思想そのものに触れたアンカー社の創業者兄弟は、何よりもその理念に深く共感したと話してくれた。経済的なメリットだけを追求すれば、より良い条件を提示する企業もあっただろう。それでも我々がアンカー社の協業者として選ばれた背景には、創業当時から変わらぬ経営理念への共感や理解があったのだ。アンカー社の事例だけではない。経営理念こそが新たな事業や協業者との接点となり、パナソニックは事業を拡大してきた。

グローバル化する事業と理念浸透の課題

パナソニックでは経営理念を唱和するなど、従業員の理念に対する共感を重視してきた。しかし現在、グループ各社を合わせると、約27万人に達する従業員のうち、約6割は海外人材であり、今後は国や文化、言語の異なる従業員の間にいかに共感を醸成していくかが課題となっている。また国内においても、キャリア採用が増えており、かつてのようなシンプルな社内コミュニケーションだけでは物事は進まない状況だ。

バックグラウンドの異なる人たちが集まった組織において、いかに理念の共感・浸透を図っていくのか。これは創業101年目以降のパナソニックにとっての挑戦である。特にすさまじい勢いで進むグローバル化は、強い遠心力を生み出していく。求心力を醸成する

理念が掲出された北米のオフィス

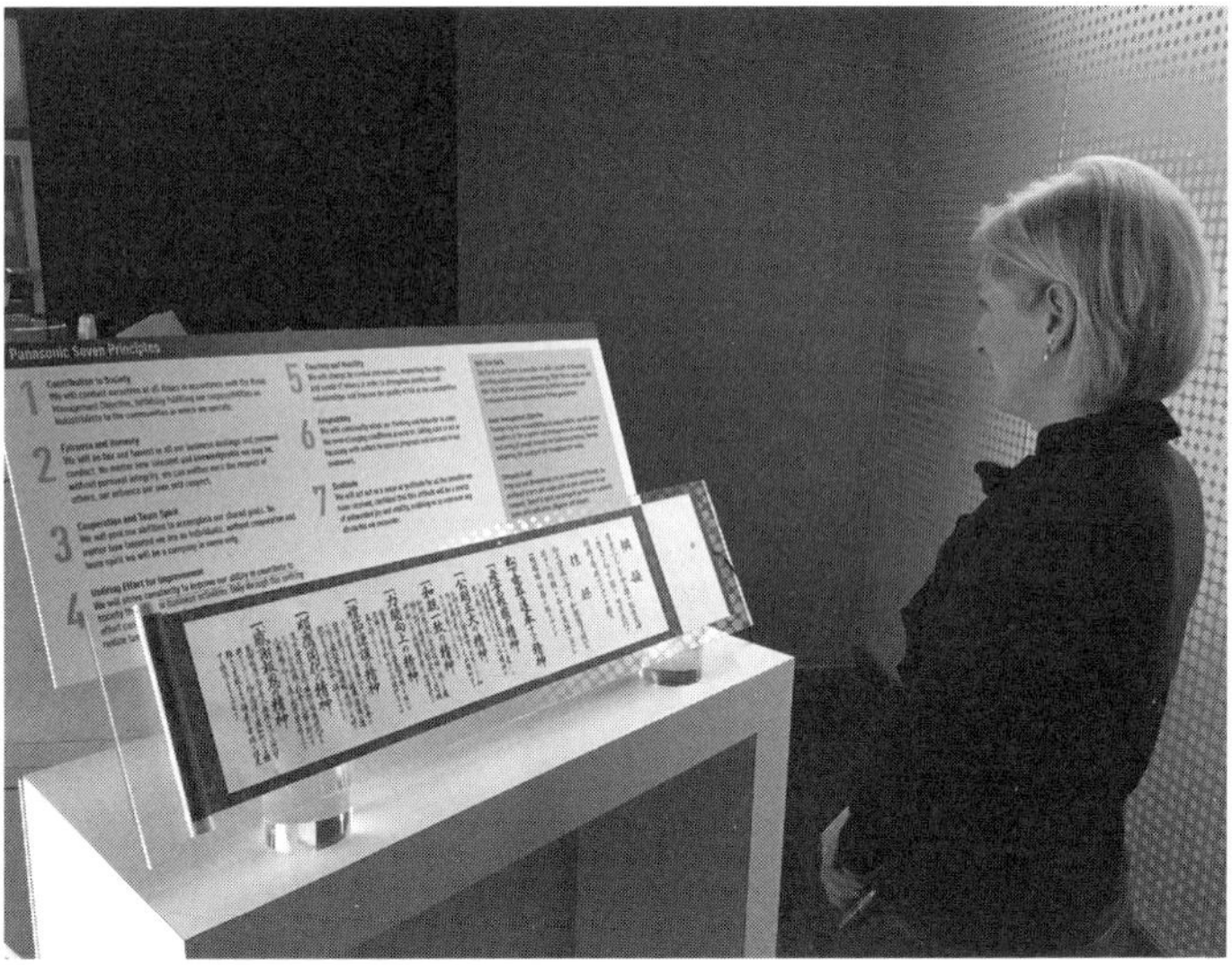

理念の表現のあり方を、デジタルメディアも活用しながら検討していく必要がある。

現時点で、見出している方向性のひとつに、我々なりの従業員の取るべき行動指針に関する考え方をまとめた「パナソニックＷａｙ」の制定があるが、欧米のグローバルカンパニーをベンチマークしながら、独自の実践方法の検討も進めている。

具体的にはグローバル企業における経営理念浸透策を調査し、その施策のひとつとして経営理念に触れる機会、量を増やすことの有効性を確認。まずは従業員数が多い東南アジア地域を中心に、理念浸透の取り組みをはじめている。具体的には大阪府門真市にある「パナソニックミュージアム」の中でも、松下幸之助の経営観、人生観を展示している「松下幸之助歴史館」の移動展を企画。この移動展は海外拠点でも実施している。

理念に基づく、パナソニックのブランドコミュニケーション

松下幸之助の理念を言語化し、形にし、共有する場をつくる。それらを社内外に発信し信頼関係を築くことで、事業や企業活動を行う。経営理念を出発点に行われる、これらのコミュニケーションこそが、パナソニックのブランドコミュニケーションである。創業から100年。松下幸之助の理念や思いを受け継ぎながらも、その理念を体現する事業や、社会に送り出す商品は大きく形を変えている。その時々の企業を取り巻く環境に合わせて、いかにしてブランドコミュニケーションを実践していくのか。

第2章以降では具体的に、パナソニックのブランドコミュニケーションを統括する立場から、また100年の歴史のうち約40年にわたって事業の変遷を見てきた社員の一人として、100年企業のパナソニックをケースとし、経営理念に基づくブランドコミュニケーションのあり方と実践方法について考察していきたい。

第2章

パナソニックにおける
ブランド戦略の基本的な考え方

MI、BI、VIからコーポレート・アイデンティティは構成される

パナソニックの100年にわたる、理念を軸としたブランドコミュニケーションについて論じる本著だが、企業価値を社会に発信していく上では、「ブランド」が非常に有効に機能する。そこで第2章では、ブランドコミュニケーションにおいて重要な要素となるブランド戦略について、考えを整理したい。

ブランドとは、経営理念を日々実践することで、将来にわたって顧客とつながり続ける「絆」であると述べた。そのブランドのメッセージやビジョンを統一させることをコーポレート・アイデンティティ（CI）と呼ぶが、ロゴの作成やデザインの統一などのクリエイティブの施策と混同されがちだ。

コーポレート・アイデンティティとは以下の3つによって構成されると考えている。

・マインド・アイデンティティ（MI）　理念の統一

企業が目指すべきあり方や、社会に対する存在理由や役割といった経営理念。

・ビヘイビア・アイデンティティ（BI）　行動の統一

経営理念を実践するための具体的な計画や行動。

パナソニックにおけるブランドの基本的な考え方

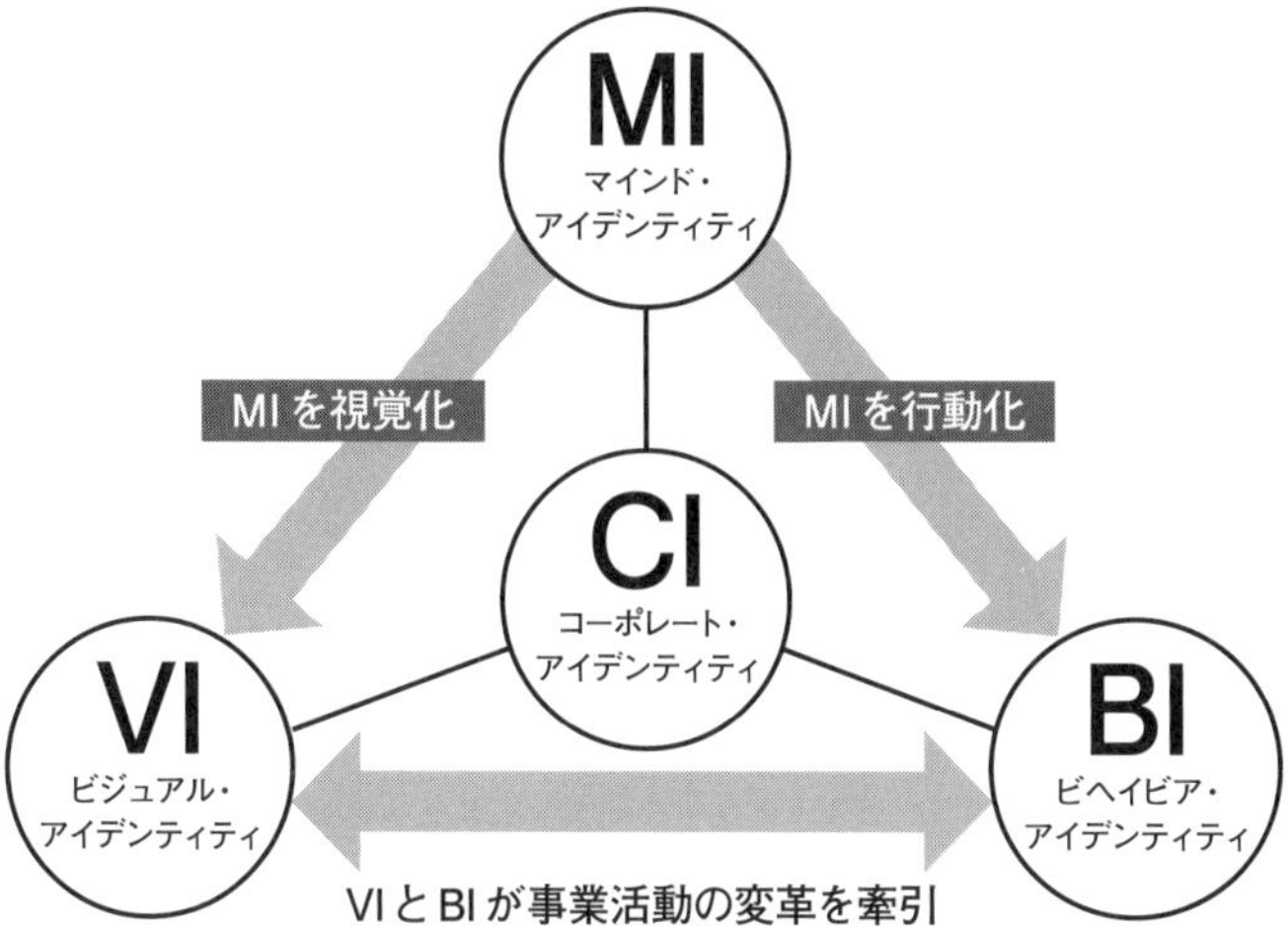

・ビジュアル・アイデンティティ（VI）

視覚の統一

ロゴやシンボルマーク、キャッチコピーなどの視覚的な要素。

この3つがあって初めて、企業のアイデンティティがつくられるという考え方である。それぞれ単体で語られやすい概念ではあるが、ブランドを捉える上で、これらは密接にかかわっており、切り離せないものだと考えている。

キャリアの中で気づいたMI、BI、VIの3つの重要性

ＭＩやＢＩ、ＶＩを単体で捉えるのではなく、ＣＩを構築するための要素として捉えることが重要だと考えるに至ったのは、入社直後の経験が大きく影響している。１９７９年に松下電工（当時）に入社した私が初めて配属されたのが、広告宣伝の部門。そこでコピーライターとして広告の企画・制作に携わることになった。先輩から「宣伝のコピーを考えるには、商品開発をした人間よりも商品を熟知していなければならない」とよく指導を受けていた。

頻繁に工場へ取材に行き、ものづくりの現場を観察した。さらに、営業や商品開発の部署とも連携して、一緒に広告のコピーを考えることもあった。開発・製造・販売の三者から話を聞き、商品のことを根掘り葉掘り聞く。こうして取材を重ねるうちに、コピーを考えるためには商品そのものの特性はもちろん、その背景にある事業活動までも知らねばならないと考えるようになった。

特に商品が生まれるまでの上流の工程を知らねばならない、と思いを強くした経験がある。ある時、男性用のシェーバーの広告の企画・制作を担当することになった。商品開発を行っている滋賀県・彦根工場に足しげく通い、商品について詳しく取材を行った。「よく切れる刃」――。このことを実現するためだけに要求される技術は多岐にわたる。

どんな刃穴の形がよいか、最適の刃厚はどれくらいか。外刃の厚みを薄くし（より深剃りできる）、刃穴の面積を大きくし（ヒゲを大量に導入する）、ひょうたん形の刃穴にし（ヒゲを導入しやすく逃がさない）、外刃と内刃ではさむ角度を20度にし（ヒゲを切断するときの抵抗を少なくする）――。商品を開発する担当者からは、刃の素材、剃るメカニズム、肌質の研究などのさまざまな話が飛び出した。シェーバーというひとつの商品の背後には、細やかな気配りと高い技術の積み重ねがある。工場に足を運ばなければ気づかなかったことだ。

目の前にあるのは、単なるシェーバーではない。高い技術を開発し、実装に至るまで、さまざまな思いと努力が詰まった商品なのである。それをいかにして、世間に伝えるか。

その当時、我々の広告コピーや宣伝を指導していたのは、戦後の広告制作の第一人者でもあるコピーライターの向秀男氏だった。向氏のディレクションのもと、広告のコピーをつくることになり、向氏の事務所に通いはじめたのだが、その仕事ぶりを見て驚いた。向氏は、商品特性だけではなく、その根本にある「企業が存在する理由」「企業が社会に対して提供したいと考えている価値」までヒアリングしていたのだ。シェーバーの機能を訴求するだけではなく「なぜこのシェーバーを今、世に出すのか」「この商品を通じて、どんな市場を開拓しようとしているのか」を踏まえた上で、コピーを考えていたのだった。

向氏の指導を受けて完成したのが「世界機能宣言」というスローガンを掲げた広告である。当時のナショナルブランドがシェーバーづくりに注いできた成果を、「世界機能である」と宣言したものだ。単なる商品の機能性を言語化するだけではなく、このひとつのシェーバーに世界を代表するだけの技術力が生かされていること、今後、美容家電市場へと進出していくことを表現したコピーだった。

その後、このシェーバーのコピーを開発した経験が、「きれいなおねえさんは、好きですか。」のキャッチフレーズに代表される美容家電市場の開拓へとつながっていく。なお本広告をはじめ、パナソニックの広告宣伝の歴史は事例を交え、第6章で詳述する。

アメリカでは、コピーライターは経営者の隣にいる存在だと聞く。向氏の仕事ぶりからは、コピーライターは優秀なマーケターであり、営業であり、商品開発のアイデアも考えられる存在であり、まさに経営者視点が必要だと教えられた。商品には、必ず企業としての理念や思想が宿る。商品を知らしめることは、すなわち企業の理念や思想を知らしめることであり、それを強く意識することで、経営視点のある広告ができあがるのだ。

向氏が手掛けた「ドレミはイ・ロ・ハと同じです。」（ヤマハ）、「ケンとメリーのスカイライン。登場」（日産自動車）、「０・01ミリのスキ間でも水は遠慮しません」（ＴＯＴＯ）

「世界機能宣言」をうたったシェーバーの広告

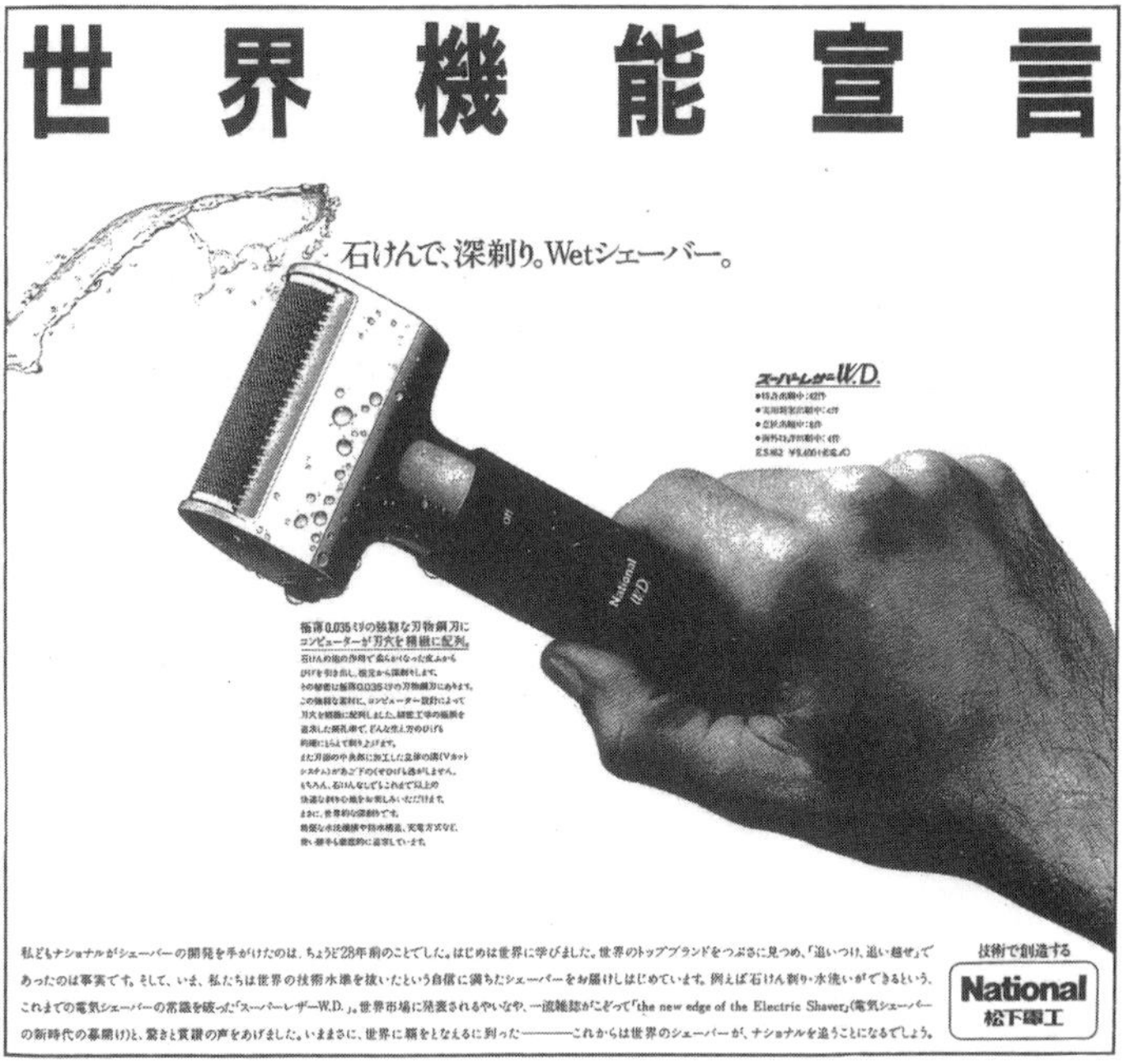

などの魅力的な広告コピーからも窺える。

この経験から、コピーという広告表現（ＶＩ）もまた、その商品の裏にある具体的な企業活動や行動（ＢＩ）、さらには企業としてのあり方や理念（ＭＩ）とつながっていると実感した。その経験から、広告表現に留まらず、その先にあるブランド価値の構築や戦略について関心を持つようになったのである。

企業広告と商品広告、その役割と違い

ちなみに企業の宣伝活動は、大きくは企業広告と商品広告に分けられるが、筆者はその双方を担当してきた。その経験の中で、これまでに「企業広告と商品広告の違いは何か？」という問いについて部内でたびたび議論をしたことがある。その議論の中で、時に「企業広告は不要なのではないか」と考えたこともあった。それは商品広告であっても、経営者視点で考えれば、そこには自ずと経営理念が折り込まれ、商品広告自体が企業広告の役割を担うことにつながっていく。商品そのものが、事業さらに企業を語るものであるという考えがあったからだ。

この考えの根本にあるのは、企業広告をつくろうと構えてしまうと、かえって企業の本質を描き切れない表面的な訴求になりかねないという懸念であり、それゆえ企業が社会に向けてメッセージを発信することを否定するものではない。昨今、商品を通じた消費者に対する生活提案だけでなく、社会のサスティナビリティに貢献するような提案が企業に求められるようになってきた。企業として社会に対する存在意義を提示し、自社の社会的価値を発信しないと、経済的価値をメインで訴求する商品広告自体も機能しづらくなる。つまりは商品広告単体、あるいは企業広告と組み合わせて、経済的価値と社会的価値の両方を訴求することが、商品のマーケティング戦略上も必要とされてきているのではないかと

考えている。

パナソニックにおけるブランドコミュニケーション担当の役割

コピーライターから始まったキャリアだが、その後、新規事業開発、経営企画、トータルソリューション事業と立場を変えてキャリアを重ねていった。新規事業開発の部署では前述のエイジフリー事業を創設。経営企画の部署で海外企業のM＆Aなどを手掛けた後、トータルソリューション事業では、「Fujisawaサスティナブル・スマートタウン（Fujisawa SST）」など、街づくりによる地域貢献に携わった。そして、今、私が担っているのが、ブランド戦略や広報・宣伝などコミュニケーションを統括する役割である。広告宣伝側から事業側、経営側へと視点を変えて経験を積み重ねたことで、ブランド戦略の役割に対する私の捉え方もまた〝深化〟していった。

一般的な宣伝部は、コミュニケーションの施策に特化したものが多い。しかし、先に述べた「世界機能宣言」の広告制作のように、広告をつくることを商品プロモーションと捉えるか、〝経営戦略の一部〟とまで踏み込んで考えるかで、その結果は大きく変わると私は考えている。

日本ではまだ、ブランド戦略＝コミュニケーションと狭義の定義が浸透しているように思える。しかし、自ら事業をつくっていく視点でブランド戦略に関わることが、今まさに求められているのではないだろうか。

パナソニックでは特に、経営理念を起点にブランド価値を創造することを重要視している。ブランドコミュニケーション担当の役割は、単に宣伝やコミュニケーション活動を統一すればよいのではない。ブランドスローガンをただ発信するだけではなく、それを実現する具体的な事業を提案し、育てていくための情報発信も含めて担うべきである。

こうした考えは宣伝部門でコピーライターとして仕事をはじめ、後に新規事業を立ち上げる経験をする中で、小さくは宣伝、大きくはブランドコミュニケーションをベースにした事業構想がありうるとの気づきがあって育まれたものだ。広義のブランドコミュニケーションは経営戦略であり、コミュニケーション部門の担当だからといって、メディアプランニングや広告制作といった、従来の役割に留まるべきではない。宣伝部門による発信は消費者、そして従業員を含めたステークホルダーに対し、その時々さらには未来において、企業の経営理念を体現した姿を示すことができる重要な活動なのである。

広義のブランド戦略は経営戦略の中核にある

企業においてブランドコミュニケーションは、商品価値を伝えることなど「コミュニケーション」そのものだけを指す言葉ではない。事業や商品について伝えることで終わるのではなく、継続的に経営理念を発信し、ステークホルダーとの接点をつくり、絆を構築し、新たな事業の芽を生んでいくことが目的となる。先のエイジフリーのように、新しい事業もまたブランドの魅力を伝えるコミュニケーションのひとつと言える。

そう考えると、ブランド戦略とは事業を先導することであり、経営の中核にあるべき役割なのだとわかる。コミュニケーション担当がコミュニケーションに終始する必要はなく、むしろ積極的に事業をつくる立場になって構わないのではないか。こうした変化に伴い、近年は、経営、広報・宣伝、商品開発といった部門の垣根を越えて、ブランド価値をつくる姿勢がますます求められている。

また経営の中核としてのブランド戦略について考える時、最近注目される概念に「ソートリーダーシップ（Thought Leadership）」がある。「ソートリーダーシップ」戦略とは1994年にジョエル・クルツマンにより提唱された言葉で、特定の分野や課題においてリーダーシップをとって、将来を先取りしたテーマや解決策を提示していく戦略のことである。今日の社会環境において、理念に基づくコーポレート・コミュニケーションを実践する上では、ソートリーダーシップ戦略は有用と考えている。既存のマーケティング手段との違いは、その外部性と権威によって顧客だけでなく、社会全体へのインパクトを狙う部分にある。

その領域の第一人者として「この分野の社会課題を解決する」といった強いブランドメッセージを発信するためには、ブランドコミュニケーション部門だけではなく、経営のトップである社長、事業部門との三位一体で活動を行う必要がある。

たとえば日立グループは近年、社会インフラをはじめとする幅広い領域において、デジタル技術などを活用して顧客との共創を行い社会的な課題を解決する「社会イノベーション」という領域でソートリーダーシップを発揮している。こうしたメッセージを発信していくためには、ブランドコミュニケーションが事業部門と一体になって動く必要が生じるのだ。

存在次元で社会に役立つブランドが尊敬を集めることができる

なぜ、いま「ソートリーダーシップ戦略」に着目しているのか。それはブランド価値の向上においては、社会の変化の中に生まれる課題を見つけ、その課題を解決する事業構想を考えることで社会に貢献しながら、企業にとっての成長につなげていくことが必要だと考えているからだ。ＳＤＧｓやＥＳＧ投資に世界的な注目が集まるような今日の社会環境においては特に、経済的な側面だけでの事業構想の議論では、企業の継続性に寄与しづらくなっている。

企業の成長を実現しながら、ブランド価値を高める事業領域を開発できるか。未来を予見しながら社会課題を見つけ出し、その解決に自社が寄与できるテーマについて、理念に基づく事業構想を行えるかが重要となる。こうした観点で考えると「ソートリーダーシップ戦略」が、これからのブランドコミュニケーションにおいて、重要であるという結論にたどり着く。

ブランドの価値を考えるとき、定量的、経済的な価値の側面だけでなく、ますます社会的な側面を考える必要が生まれている。特にパナソニックは「企業は社会の公器である」という創業者の理念を継承し、常に社会課題解決型の企業、ブランドを目指してきた歴史がある。だからこそ社会課題との向き合いの中に、ブランド戦略の未来があると考えている。

特にテクノロジーが進化、浸透する時代において、生活は便利になった反面、精神的な不安や不満足が急速に広がっていると感じる。物質的な豊かさ、テクノロジーによる利便性の提供による先進的なイメージ醸成だけでなく、その組織の存在自体が社会に貢献する企業こそ、これから人々の尊敬を集めることになるのではないだろうか。

事業構想大学院大学を運営する、学校法人先端教育機構の理事長・東英弥氏は事業を構想するにあたって大前提となるのは、「社会を視る眼」であるとしている。仕事に追われていると、自分の業界の目の前の現実にしか関心が向かない「近視眼思考」や「視野狭窄」に陥りがちだが、少なくとも日本の再生と発展につながる事業構想を志すのであれば、日々の生活の中で「社会を視る」ことを習慣づけることが必要である。自身の閃きを事業構想の「着想」につなげる上では、社会を視ながら、自分自身の閃きが社会課題の解決につながるかを常に思考する。つまりは「発想」+「ソーシャル・アントレプレナーシップ」が「着想」につながる、と指摘している(事業構想研究第1号「なぜ、いま事業構想なのか?」)。これからのブランド戦略を考える上で、大変示唆に富んだ重要な視点である。

広告宣伝ビジネスにも可能性が広がる

ここまで広義な意味での理念に基づく、ブランドコミュニケーションについて考えを述べてきた。経営においてブランド戦略が果たす役割は今後、さらに増していくと考えるが、そのプロセスの中では事業者のパートナーとなる広告業界の役割にも変化が生まれるだろう。

マーケティング、広告、ブランディングが経営の中で果たすべき役割がますます高まる中で、パナソニックにおいてもブランドコミュニケーションを担う部門は、VI（ビジュアル・アイデンティティ）だけでなく、BI（ビヘイビア・アイデンティティ）、MI（マインド・アイデンティティ）も含めたCI（コーポレート・アイデンティティ）のすべての領域に関わるべきであると考えている。先に述べたようにブランド価値を高める手段は広告デザインだけに留まらない。ブランド価値とは事業、経営活動との連携の中で高めていくことができるものだからだ。

広告業界に目を向けても同様のことが言えるのではないか。企業そして社会が、イノベーションを必要としている今、広告業界が広告のデザインにおいて培ってきたクリエイティビティが、企業そして社会において役立つことができる場面は広がっているからだ。事業構想において必要な「発・着・想」の力、ゼロから新しいものを生み出す力など、この業界の組織そして個人が有している力には、高いポテンシャルがあると言えるだろう。

メディアにも同様に高いポテンシャルがある。昨今、広告出稿先としての関わりだけでなく、新しい事業を構想し、形づくる上でメディアが有益なプラットフォームを提供し、そのプラットフォームでの共創の関係が生まれている。情報を収集し、分析し、社会に対して発信していくという、メディアが持つ機能が生きる場面も広がっていくのではないだろうか。

「広告業界」というネーミングを新しくするくらいの役割の再定義の中に、これからの業界の未来があるように思う。広告デザインから事業デザイン、さらには社会デザインへ。広告業界が培ってきたクリエイティブの力が生かされる場面は広がっていく。

実際、昨今は産業界において「デザイン思考」のアプローチが注目され、デザイナーをはじめとするクリエイティブ人材を抱えるデザインファームやクリエイティブテックが、新規事業開発をサポートするケースが増えている。

例えばアメリカ・ポートランドに拠点を置く、デザインファームのＺｉｂａもそのひとつだ。

Ｚｉｂａでは「WE HELP COMPANIES CREATE NEW VALUE THROUGH DESIGN」というミッションを掲げ、アウトプットのデザインではなく企業の課題を解決する最も適切な経験を提供することを目指している。つまりはデザインの力で企業が社会に提供しうる価値創造の支援を行っているのだ。このようなデザインファームの躍進をヒントに、日本の広告業界も自らの役割を再定義すべき時代になりつつあるのではないだろうか。

Ｚｉｂａに参画している濱口秀司氏は、かつて松下電工（当時）に勤務しており、筆者にとってはかつての同僚という関係にある。濱口氏はＺｉｂａのエグゼクティブフェローを務めながら自身の実験会社「monogoto」を立ち上げ、現在はビジネスデザイナーとして、プロダクト・サービスの開発に留まらない、事業イノベーションの支援を行っている。

同氏はデザイン思考だけではイノベーションは起こらないという指摘もしている。同氏が掲げるイノベーションの定義は非常に秀逸で、筆者も事業構想大学院大学の講義で、その概念をたびたび紹介している。その定義とは「誰も見たこと・聞いたことがない」けれども「実現が可能」であり、そのアイデアに対して「議論（賛成・反対）を生む」というものだ。

京都大学工学部の出身で、入社当時からＲ＆Ｄ部門に所属していた濱口氏は、もともとは左脳発想のロジカルなアプローチを得意としていた。しかしＺｉｂａでの経験を通じ、デザイン思考を体得。ロジカルなだけでなく、クリエイティブな右脳発想も体得した、世界的に見ても稀有な人材である。「見たことも聞いたこともない」けれども「実現可能」というイノベーションの定義に、デザイン思考をさらに進化させた、濱口氏ならではの哲学が見て取れる。

広告業界のクリエイティブの力を、いかに広く生かしていくかを考えた時、濱口氏が辿ってきたキャリアの軌跡にも、大きなヒントがあるのではないだろうか。

インターブランド社と取り組む、ブランド価値可視化の取り組み

ブランドは事業そのものを創造したり、経営の中核ともなる強力なものだが、その影響力を自社の中だけで可視化することは難しい。そこで近年は、社外のブランド価値評価を用いて、パナソニックのブランドが相対的にどれほどの価値を持つのか、数値化する取り組みも行っている。

世界最大のブランディング専門会社、インターブランド社の評価方法では、ブランド価値を向上させる3つの目的（①顧客に選んでもらう ②顧客に高く買ってもらう ③顧客に買い続けてもらう）の視点から、以下の3つの指標を掛け合わせてブランド価値を評価している。

①**財務分析（どれくらい儲かるか？）**

②**ブランドの役割分担（ブランドが、どれくらい儲けに役立っているか？）**

③ブランド強度分析（ブランドによる儲けが、どれくらい確実か？）
＝ブランド価値（金額換算）

これらの3つの要因からブランド価値を数値化して換算する手法である。

①財務分析では、今後5年程度の「エコノミックプロフィット」を算定。エコノミックプロフィットとは監査法人による無形資産評価の際にも用いられる利益である。②のブランドの役割分担は、購買要因に占めるブランドが与える影響、その割合を算出するものである。③のブランド強度分析は、6つの社外要素（信頼確実度、要求充足度、差別特有度、体験一貫度、存在影響度、共感共創度）、4つの社内要素（概念明瞭度、関与浸透度、統治管理度、変化対応度）それぞれを分析・評価し、その点数の合計をもとに算定するものである。

ブランドの価値を測る方法は、これ以外にもさまざまある。一概に数値化できないという意見もあるだろう。ただ、このように数値化することによって、見えにくいブランドの価値そのものが捉えやすくなり、今後どの部分を強化していくべきか、打ち手を考えやすくするという利点がある。

ちなみにインターブランド社は毎年、「Best Japan Brands」を発表しているが2019

年のランキングにおいてパナソニックは7位という結果であった。ブランド価値が金額で算出されているが、それによるとパナソニックのブランド価値は２０１８年発表では59億８３００万ドル、２０１９年発表では62億９３００万ドルという結果であった。このように定量化しづらいブランドの価値を数値化し、今後の戦略に生かしていくことも必要と言えるだろう。

　また、この章ではブランドの経済的価値にのみ焦点を当てて論を進めたが、第９章ではブランドの社会的価値の指標化について詳述していく。

第3章

他社事例に見る、理念に基づくブランドコミュニケーションの考察

ANA、オムロン、コマツ、CCC、三菱商事

理念浸透・共有の取り組み、日本企業の先行事例

パナソニックでは第1章で紹介した「綱領」「信条」「遵奉すべき精神」が掲げられてきた。ここで求められているのは、常に「社会の公器」としてふさわしい経営や行動を心がけ、本業であるものづくりを通して、理念の実践に努めていくこと。事業を通して社会の発展に貢献することで、ブランド価値も高まるということ。つまりは理念に基づく事業活動の蓄積の先に、ブランドが構築されるという考えだ。

特に社会・経済・地球環境などあらゆる面で大きな転換期にある今日では、明日のライフスタイルを提案し続けながら、地球の未来と社会の発展に貢献することで、ブランド価値は向上していく状況にある。

第2章にて、経営理念を実践することで、将来にわたってお客さまとつながり続ける「絆」こそが「ブランド」であるという考えを示した。理念を実践することで、ブランドがお客さまにとっては「なくてはならないパートナーとしての信頼の象徴」として、社会にとっては「健全な経営・安定した成長の期待の象徴」として、社員にとっては「パナソニックの一員であることの誇りの象徴」として機能をするのだ。

それゆえ、経営理念を浸透・共有する取り組みも必要となる。パナソニックに限らず、日本の企業でその理念浸透・共有の取り組みに学ぶべき事例は多い。特に「三方よし」の

考え方が生まれた日本だからこそ、世界的に見ても日本企業のこれらの取り組みは、いま改めて考察に値するものとも考える。本章では、主に他社の事例を考察していきたい。

理念に基づくブランドコミュニケーション事例

自社独自の経営理念をいかにして事業活動の中で実現していくのか。経営理念とブランド価値をユニークな方法で定義しているのが建設機械メーカーのコマツである。企業価値を「社会とすべてのステークホルダーからの信頼度の総和」と定義しているコマツは、ステークホルダーとの信頼を築けているかという絆=ブランド価値を測るために、顧客とコマツとの関係を7段階に区分し、その段階を高めることを企業活動の目標に置いている。

ランク7：・コマツは自社になくてはならない
　　　　　・コマツなしでは事業が成り立たない
　　　　　・一緒に成長していきたい
ランク6：・コマツに何かしてあげたい
　　　　　・助けてあげよう

・一緒に何かをつくりたい（短期）
ランク5：・これからもコマツを買い続けたい
・コマツが一番頼りになる
・これからもコマツと付き合いたい
ランク4：・コマツを買ってよかった
・期待通りだった
ランク3：・損はしない
・当たり前のことが当たり前にできる
・コマツでも大丈夫かな（一台買ってみようかな・可能性あり）
ランク2：・話は聞いてやろう
ランク1：・付き合うに値しない
・付き合いたくない
・出入り禁止

（コマツWebサイト内「顧客関係性7段階モデル」言及箇所を引用）

「ステークホルダーとの信頼」を理念に掲げる同社だからこそ、指標は売上や取引先数ではなく、顧客との信頼関係の強化に設定されているのだ。どこに位置づけられるかで、顧客との関係性をひと目でわかりやすく共有することができる。経営理念とブランドが一貫しているだけでなく、それを評価する方法としても非常にユニークな事例である。

第1章で触れた「三方よし」の精神を引き継いだ理念を掲げるのが、総合商社の伊藤忠商事だ。1858年、近江商人であった初代・伊藤忠兵衛により創業した伊藤忠商事は「三方よし」の精神を事業の基盤としていた。初代忠兵衛の座右の銘は「商売は菩薩の業、商売道の尊さは、売り買い何れをも益し、世の不足をうずめ、御仏の心にかなうもの」であったと言い、ここには「企業はマルチステークホルダーとの間でバランスの取れたビジネスを行うべきである」とする、現代サスティナブル経営の源流が読み取れる。

三菱商事の「三綱領」とサスティナブル経営

また近年、サスティナブル経営の推進に向け、全社を挙げた取り組みを行っている三菱商事も、その活動の源泉を理念から読み解くことができる。三菱商事では三菱第四代社長である岩崎小彌太氏が1920年に行った訓諭をもとに、1934年に旧三菱商事の行動指針として「三綱領」を制定（旧三菱商事は1947年に解散したが、三菱商事においてもこの「三綱領」は企業理念として継承)。その「三綱領」とは「所期奉公」(事業を通じ、物心共に豊かな社会の実現に努力すると同時に、かけがえのない地球環境の維持にも貢献する)、「処事光明」(公明正大で品格のある行動を旨とし、活動の公開性、透明性を堅持する)、「立業貿易」(全世界的、宇宙的視野に立脚した事業展開を図る)で構成されるものだ。

三菱商事グループでは、同社の持続可能な成長にとって考慮すべき約80の課題要素を、ISO26000やSDGsなどの国際規格・目標をベースに抽出。現在その中から7つのテーマを特定し、活動を進めているが、そこでもこの「三綱領」が基盤となっているという。具体的には「三綱領」の精神をベースに社会価値、経済価値、環境価値の3点を考慮しながら、自社が取り組むべきテーマを特定していったのだという(三菱商事グループ企業サイトを参照)。

創業者の強い思いが込められたCCCの理念

カルチュア・コンビニエンス・クラブ(CCC)も企業理念を基に事業を展開する企業のひとつだ。ライフスタイルに革命を起こすような仕組み、生活を新しくするインフラやプラットフォームを創ることを掲げた同社は、増田宗昭社長直筆の企業理念を共有している。創業の意図と題された理念を下記に紹介したい。

創業の意図

変革の80年代に、関西最大のベッドタウン枚方市において「カルチュア コンビニエンスストア」の発想で、文化を手軽に楽しめる店としてレコード（レンタル）、生活情報としての書籍、ビデオ（レンタルを含む）等を駅前の便利な立地で、しかも夜11時までの営業体制、コストをかけないロフトスタイルのインテリア環境で、枚方市の若者に80年代の新しい生活スタイルの情報を提供する拠点としてLIFE INFORMATION CENTER "LOFT"を提供したい。

開店後も、プレイガイドや住宅情報（賃貸住宅の仲介）、インテリアの改装などの受請等へもチャレンジしてみたい。

そして、若者文化の拠点として、枚方市駅からイズミヤの通りがアメリカ西海岸のような、コミュニケーションの場として発展する為の起爆剤になりたく思う。

増田宗昭社長直筆の「創業の意図」

創業の意図

変革の80年代に．関西最大のベッドタウン枚方市において．「カルチュア．コンビニエンス ストア」の発想で．文化を手軽に楽しめる店として．レコード（レンタル），生活情報としての書籍．ビデオ（レンタルも含む）等を．駅前の便利な立地で．しかも夜11時までの営業体制．コストをかけない ロフト スタイルのインテリア環境で．枚方市の若者に80年代の新しい生活スタイルの情報を提供する拠点として LIFE INFORMATION CENTER "LOFT" を提供したい．

開店後も．プレイガイドや住宅情報（賃貸住宅の仲介）．インテリアの改装の要請等へもチャレンジしてみたい．

そして．若者文化の拠点として．枚方市駅からイズミヤの通りがアメリカ西海岸のような．コミュニケーションの場として発展する為の起爆剤になりたく思う．

CCCの増田氏が掲げている手書きの創業理念。増田氏はCCCを「ライフスタイルを提案する企画会社」とし、そこに社会における役割があるとの考えを常に発信している。

「新たなライフスタイルの提案」という同社の掲げる理念は、家電や住宅設備を通して常に新たなくらしを創造してきたパナソニックの経営理念とも通じるところがあり、CCCとパナソニックは近年、コラボレーションを行っている。

2018年3月にはCCCの協力のもと、東京二子玉川にある「蔦屋家電」の2階に「RELIFE STUDIO FUTAKO」をオープンさせた。最新家電や住宅設備、関連書籍、インテリア小物などを展示しており、ショウルーム的役割を果たしながら、新しいライフスタイルのトータルコーディネートを提案している空間だ。「新たなライフスタイルを体感してもらう」ことをコンセプトにつくられ、年間で100万人の来店を見込めるにぎわいとなっている。

協業・協賛する際の決め手は、やはり理念への共感である。社外のステークホルダーとの絆を築くためにも、やはり経営理念が重要なのである。

理念を明確にすることで、組織の求心力を高める

グローバルでの競争が激化する航空業界の全日本空輸（ANA）でも、グループ各社が独自性を高め、機動的に強みを発揮することを目指し、共通言語（Way）を設定、グループ全体での心構えとして取るべき行動を提示している。これまでも言語化されていないDNAが存在したというが、それを具体的な形で表現したのがWayだという。

また理念経営を実践するオムロンでは、1950年に創業者が制定した社是（社の憲法）を基礎として1990年に企業理念を制定。事業・ステークホルダーの拡大や多様化に伴い、1998年に最初の見直しを実施。2006年には企業理念全体を改定。さらに2016年にも改定を行い、基本理念「Our Mission」、経営理念「Our Values」とシンプルな2階層構造になっている。

新たな理念を策定した背景は、2011年に2代続けて創業家以外から経営トップが就

任したこと。その際に長期経営ビジョンを設定し、企業価値の向上を図るという方針が掲げられた。以後、企業理念をグローバルに事業を強化するための求心力、かつ発展の原動力として位置付ける「企業理念経営」を目指している。

グローバル化する日本企業と理念の役割

オムロンのケースにも見られるが、理念浸透・共有の取り組みにおいて、昨今課題となるのが経営のグローバル化に合わせた取り組みだ。

日本は世界的に見て長寿企業の多い国である。日本には100年以上続いている長寿企業が約1万5000社あり、世界に存在する100年企業の約半数を日本企業が占めている。また200年企業の約半数も日本に集中。さらには、日本には1000年以上続く企業も7社存在する。日本が島国であり、社会の仕組みや構造が大きく変化することがなく、企業経営を安定させる要素があったことも背景にはあるだろう。加えて「三方よし」の概念をはじめ、日本の企業の多くには昔から経営理念があったことも、長寿化を果たす要因のひとつになっているのではないだろうか。

今後ますます進展するグローバル化の中で、理念を継承することで長く継続してきた日本企業がどう事業活動を行い、さらにはコミュニケーションを実践するのかが、次なる課題と言えるだろう。

パナソニックでも、グローバルでの経営理念の浸透・共有に向けた取り組みを始めている。現地の環境に即した伝え方が重要、との考えに基づき、地理・年代的に多様な背景を持つ人にも伝わるようにブリッジを架けることに留意している。

具体的には、たとえば松下幸之助の「水道哲学」も、インドネシアでは「バナナ哲学」に変えるなど、単に現地の言葉に翻訳するだけではない伝え方の工夫をしている。あるいは最近、増えているM＆Aに際しても理念の共有を重視している。

先に理念を紹介したコマツでも同様の活動を行っていると聞く。同社では海外現地法人において、コマツウェイの指導者（伝道師）を育成する活動を行っているという。

すでに確固とした経営理念を持つ外国企業のM＆Aでは、相手企業の理念の価値を評価し、パナソニックの理念を自分事化してもらうためのディスカッションを丁寧に行っている。例えば、2015年に米国の産業用冷蔵庫メーカーのハスマン社を買収した際には、同社が継承してきた理念も素晴らしいものであると認める一方、パナソニックの理念への理解を深めてもらうために、「リーダーシップ研究の大家であるジョン・コッター教授が

経営理念の浸透・共有に向けた各社の取り組み

会社名	取り組みの内容
Panasonic	●ポケットサイズの小冊子として配布…社員のあり方を示す「七精神」に込めた思いを易しく言い換え、標語も英訳 ●"一瞬を捉えた日常指導"…社員が日々仕事を行う中で、理念に沿った行動を示すようOJTによって働きかける ●トップによる積極的な発信、毎日の朝会で唱和 ●階層別の経営理念研修…経営理念を「自分化」した上でグループ討議を重ね実践する体験学習のサイクルを重視 創業理念研修会へは経営層、役員、事業部長が参加 ●経営理念実践インストラクター（伝道師）養成研修…研修修了者は会社が伝道師として認定証を渡す
KOMATSU	●冊子を配布…コマツウェイの理解促進に向け、各文言の解説や実際の事例を紹介。文化的背景も含め11ヵ国語に現地語訳 ●社長キャラバン…コマツウェイの理解を促すために、「モノ作り編」を編纂した社長（当初はコマツウェイ推進室長）自ら国内外のグループ会社を訪問 ●社内ポータルサイト「K-Way.net」で情報発信…全世界のグループ社員がコマツウェイの語録や関連情報を閲覧可能。各文言の解説と各部門の事例紹介、社員の体験談を毎月発信
OMRON	●理念解説冊子を配布…理念に則した「価値ある行動例」を具体的に示す。e-bookとしてWEB上で公開、全社員がいつでもどこでも見ることができる ●「TOGA（The Omron Global Awards）」…企業理念の実践を強化する社内表彰制度。理念に基づくチャレンジ活動を世界中で宣言し、チームで取り組み、そのプロセスを表彰。①有言実行、②企業理念実践度、③表出・共鳴、の3点を重視 ●「理念ダイアログ」…グローバルの各職場単位でお互いの理念に対する思いや実践事例をベースに、今後どのような行動を取っていくか、どのような行動はやめるべきかを対話するワークショップで、毎年開催
ANA	●「ANA BOOK」配布…Wayの策定経緯や言葉に込められた思い、グループ社員として取るべき行動の具体例をストーリー化して掲載 ●人事評価制度に「WAY遂行度評価」を導入…役割グレードごとにWayを基にした行動目標を定め、5つの取るべき行動の遂行度に応じて評価が決定 ●「ANA's Day」の開催…役員を含むグループ全社員が参加、継続して守り続けていくグループのDNAを再認識した上で、将来の同社のあり方を討議 ●「Good Job Card」「ANA's Way Awards」…表彰制度等を通じ「ほめる文化」定着、実践事例を共有

グローバルでの経営理念の浸透・共有に向けた考え方・取り組み

会社名	考え方	取り組みの内容
Panasonic	現地の環境に即した伝え方が重要。地理・年代的に多様な背景を持つ人にも伝わるようにブリッジを架けることに留意	●日本語の教科書を現地語訳するという従来のスタンスではなく、違う文化背景を持つ人にも伝えるために、研修の素材自体を再考 "水道哲学"は、日本国内では水道の水は安く、いくらでも飲めるものと共感してもらえるが、水道の水を飲むという概念自体が通じない国も多い インドネシアでは水道に代替するものとして"ジャングルの中のバナナ"="バナナ哲学"として教えている ●すでに確固とした経営理念を持つ外国籍企業をM&Aした際は、相手企業の理念の価値を評価し、理念を"自分化"していくためのディスカションを実施 2015年に買収した米国の産業用冷蔵庫メーカーのハスマン社への経営理念の浸透においては、ハスマン社が大事にしてきた理念も素晴らしいものと認める一方、パナソニックの理念への理解を深めてもらうために、リーダシップ研究の世界的大家であるジョン・コッター教授が見た松下幸之助、という切り口を用い、外国人からの視点で、目線を合わせた説明を重ねていった
KOMATSU	海外グループ会社でコマツウェイを普及させるために、習慣や文化の違いを理解しつつ、現地人材にも分かりやすい説明を行う	●海外現地法人でコマツウェイの指導者（伝道師）を育成する活動を開始 ●「経営の現地化」の観点から、コマツウェイの浸透活動についても、基本的に現地でマネジメントを行うナショナルトップに任せる体制 ●海外現地法人の経営トップや役員クラスを対象に、グローバル・マネジメントセミナーを年1回実施
OMRON	「日常業務=理念実践」と位置づけ、職場単位や地域での共有など、表出と共鳴の場を意図的につくる	●会長自らが各エリア（アメリカ・ヨーロッパ・中華圏・東南アジア・日本）に行き、幹部社員と対話する「会長ダイアログ」を実施。イントラネットにも掲示し、全社で共有する ●「TOGA」の活動にはグループのほぼ全社員が参加。世界6地域でリージョン選考を行い、ゴールド賞のチームは公開プレゼンテーションを行う。この様子を国内の各事業所に生中継

2つの図ともに『労政時報』2016年10月28日号を基に作成

見た松下幸之助」という切り口を用い、外国人からの視点で目線を合わせた説明を重ねていった。

パナソニックに限らず、グローバル展開を加速させる日本企業においては、理念を基軸とした地域ごとの丁寧なコミュニケーションを積み重ねているケースが多く見受けられる。そこには米国とも中国とも異なる、日本企業独自のグローバルカンパニーへの成長の道筋がある。古くは「三方よし」、近年においては「理念経営」という概念を大事にしてきた日本企業ならではのグローバル化のあり方と言えるだろう。

第4章

事業と時代で見る、パナソニックのブランド変遷

パナソニックにおける
プロダクトブランド、コーポレートブランドの変遷

パナソニックの現在のコーポレートブランド「Panasonic」は、1955年に輸出用スピーカーに最初に使用された。「Pan（汎、あまねく）とSonic（音）という言葉を組み合わせ、「当社が創りだす音をあまねく世界中へ」という思いが込められている。2008年より、コーポレートブランドとして、企業グループの表示と商品・サービスに使用している。

そして現在に至るまで、コーポレートブランドは変遷を遂げてきた。松下幸之助はブランド、そしてマークというものに強い思いをもって経営をしてきた。ここでブランドの変遷と創業者のブランドに対する考え方を紹介したい。

ちなみに本章で触れる変遷は、筆者が管轄する、歴史文化コミュニケーション室が長い歴史の中で保管・編集してきた資料や、100周年を記念して制作した社史の編纂プロセス、あるいは「パナソニックミュージアム」のリニューアルに際し、まとめた資料を基にしている。

そもそも松下幸之助がマークというものに興味を覚えるようになったのは、創業の以前、

ブランドの変遷と創業者のブランドに対する考え方

創業前	1905～1910		**❶五代自転車商会 ⇒ 創業者、「マーク」に関心を抱く**
松下電器	1920	松下幸之助創業者	「M矢のマーク」制定（所章、商標）
	1923		エキセル（砲弾型電池式ランプ）
	1925		National 商標登録
	1927		National 使用開始
	1937		**❷冊子「販売外交の人々へ」**
	1942		**❸通達「製品劣化に関する注意」**
	1943		「M矢」に替わり「三松葉」が社章に
	1946		**❹講話「ナショナルの信用を保持せよ」**
	1954		**❺日本ビクターと提携⇒「犬のマーク」**
	1955		Panasonic 誕生
	1961		Panasonic がアメリカでのブランドに
	1965		Technics 誕生
	1974		Quasar がブランドに加わる
	1979		欧州に Panasonic 全面展開
	1986		日本で Panasonic 本格展開（映像・音響他）
	1988		Panasonic/National/Technics 使用基準制定
	1991		アジア・中国・中東等で Panasonic 本格展開（映像・音響他）
	1998		全松下ブランド委員会発足
	2003		Panasonic をグローバルブランドに統一
パナソニック	2008		社名変更・ブランド統一、グループ章制定
	2014		Technics 復活
	2015		事業ブランドを規定

パナソニックの歴史文化コミュニケーション室が作成した「ブランドの変遷と創業者のブランドに対する考え方」をまとめた年表。

「M矢」のマーク

10歳から5年あまり奉公していた五代自転車商会の主人である音吉の影響を受けていたようだ。音吉は、いろいろと新しいマークを考案し、登録。そのマークを付けて製品を売り出すことをしていたという。

その影響があり、1918年の創業から「National」が誕生する1925年以前は、「M矢」のマークや「エキセル」がブランドに相当する意味合いで用いられていた。「M矢」のマークには、どんな障害をも突破し、目標に向かって突き進もうとの願いが込められていた。このマークは社章としても使われた。

ちなみに『画伝　松下幸之助　道』によると、当時のいきさつが次のように記録されている。

> 所主（創業者）は松下電器の商標を定めたいと考えていた。ある日、石清水八幡宮に参詣した時にも

らった破魔矢を見て、ふと、この矢と松下の頭文字Mを組み合わせたらどうだろうと思いついた。こうして完成したのが、はじめての商標「M矢のマーク」である。これにはどんな障害をも突破し、目標に向かって突き進もうとの願いがこめられていた。

1923年には砲弾型ランプにexcellentに通ずる商標として、「エキセル」の商標が用いられた。当時の記録によると、松下幸之助は『電器のほうはこれまた順調である。全国の日刊新聞にもエキセルランプの広告がしだいに目につくようになり、その真価はいやがうえにも高潮した』(『私の行き方考え方』より)と語ったと記されている。

しかし残念ながら、「エキセル」について、誕生のいきさつは不明である。

その後、1925年に「National」の商標が出願され、1926年(昭和元年)に登録されている。「国民の、全国の」という意味が、松下幸之助の思いにぴったりの言葉であり、「National」と名づけることで国民の必需品を目指そうとの決意が見える。

前述の『画伝　松下幸之助　道』では、「National」誕生のいきさつについて、次のような記載がある。

「ナショナル」の商標登録と販売された
「ナショナルランプ」の看板広告

第六十九類

大正十五年 商標出願公告第一四九〇四號

願書番號 大正十四年第一一一一八號
出願 大正十四年六月二十九日
公告 大正十五年五月十一日

NATIONAL
ナショナル

○指定商品 第六十九類
電氣器具及其ノ各部竝電氣絶縁材料（但シ電氣機械ノ類似品ヲ除ク）

大阪市此花區大開町八百六十六番地
出願人 松下幸之助
大阪市東區北濱五丁目十六番地
代理人 辨理士 小谷鐵次郎 外一名

「角型ランプ」を考案するかたわら、その名称について、あれこれと考えていた。ある日、新聞を見ていた時、所主の目にふと「インターナショナル」という文字が飛び込んだ。妙に印象に残ったので、辞書を引いてみると、「国際的」という意味があった。念のために、「ナショナル」を引くと、「国民の、全国の」とあった。所主の想いにぴったりの字義である。所主は、「名は体をあらわすのたとえもある。〝ナショナル〟と名付けて、国民の必需品にしよう」と決心し、大正14年6月、この「ナショナル」を商標として出願登録した。

昭和2年4月、待望の角型ランプが完成した。所主は、さっそく「ナショナル」の商標を冠し、「ナショナルランプ」と名付けて、販売計画を練った。

1950年代に入ると、海外での販売が始まっていく。松下幸之助が初めて訪米し、ニューヨークに出張所が開設されたのが1950年代の初め。「National」というブランドが米国では使えなかったため当時、いろいろな愛称やマークが考案された。「Panasonic」もそのような模索の中で誕生した愛称のひとつであった。その由来はアメリカのオーディオ展に出展されたハイファイスピーカ8P－W1の愛称として、前述のように、Pan（汎、あまねく）とSonic（音）の組み合わせから生まれたものだ。

米国での展開初期に際して、使用された愛称やマーク

M.E.I.C.O　MACO　Kadomax JAPAN

ハイファイスピーカの愛称として誕生した
当時の「PanaSonic」。

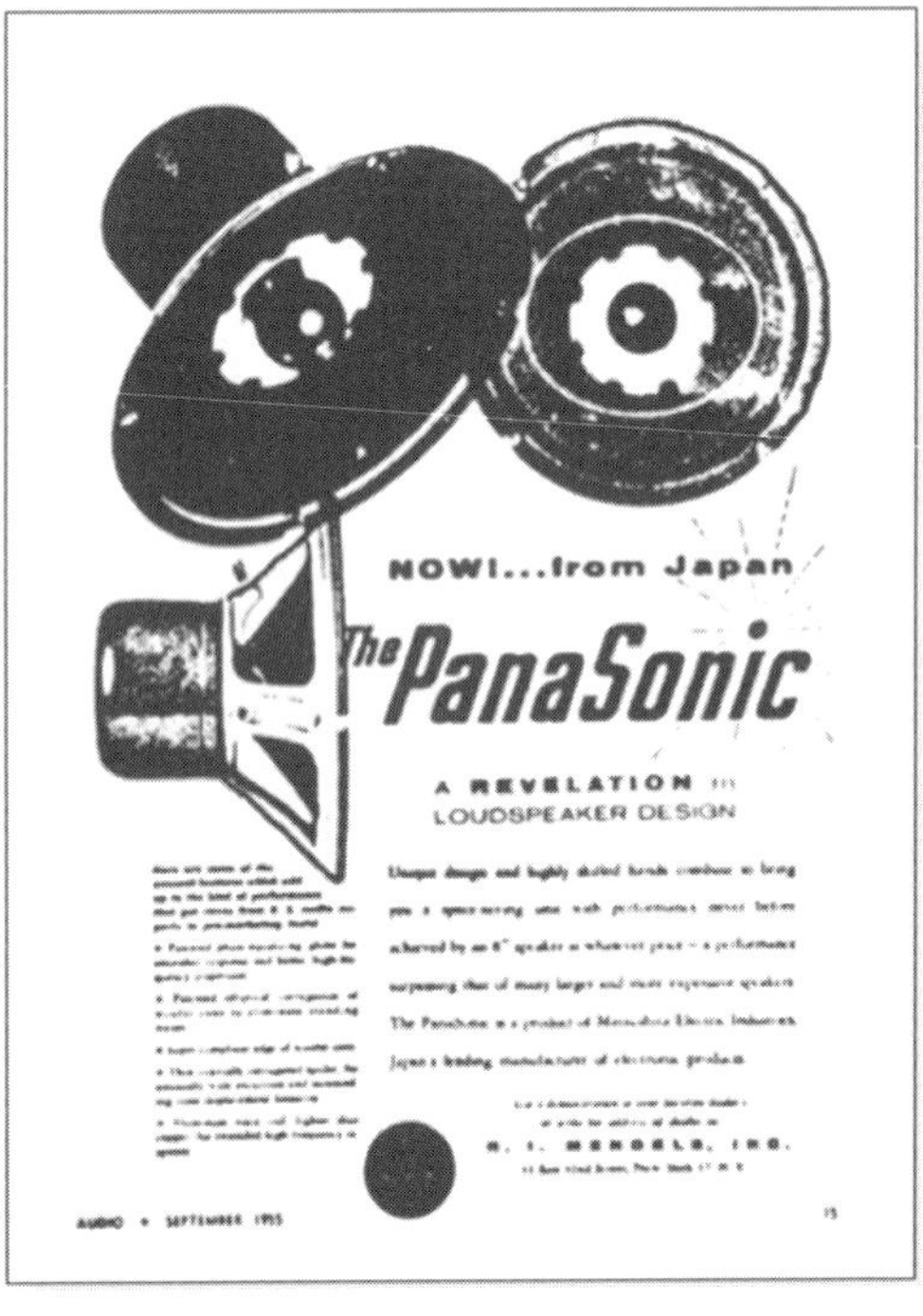

スピーカの愛称として誕生してから5年余りが経った1961年には、「Panasonic」がアメリカで販売されるすべての商品に使用されるようになる。当時、300を超えたブランド候補の中から選ばれたのが「Panasonic」だった。ただ、当初はPanasonic by Matsushitaの形で使われ、そのマークには、当時の社章の三松葉も組み込まれていた。

その後、欧州、アジア・中国、中近東・アフリカで販売される映像・音響分野の商品を中心に「Panasonic」へのブランド統一が行われ、1986年には日本でも同領域での商品を中心に本格導入が始まっていく。「National」をブランドとしてきた日本でも、アメリカでの「Panasonic」の名声が高まるにつれ、「世界のトランジスタラジオ、ナショナルパナソニック」や「ナショナル　パナカラー」など、「Panasonic」や「パナ」という名称がいろいろな場面で使われるようになっていく。

そのような時代が続いた後、日本でも「Panasonic」を本格的に導入しようという気運が高まり、1988年には「National」と「Panasonic」の分野別運用基準が制定されることになった。

米国で使われはじめた当時の「Panasonic」マーク

アメリカで展開するすべての商品に「Panasonic」の名称が使用されはじめた頃のマーク。その翌年、1962 年には「The Sound Heard Round The World」のスローガンと地球のイラストが、前述のマークを飾ることになる。さらに 1969 年には、最近まで使用されていたスローガンである「just slightly ahead of our time」が登場した。

「National」と「Panasonic」の分野別運用基準が制定された翌年の1989年（平成元年）には、「ちがいます、おなじです」のキャッチコピーでブランド告知の広告が出稿された。また1996年には、PanasonicとNational、それぞれのアイデンティティ、哲学を訴えるスローガンが打ち出された。

ブランド統一と、One Panasonic戦略

ここまで創業時から2000年頃までのブランドの変遷を見てきたが、パナソニックはその後、ブランド戦略において二度の大きな転換点を迎えている。そのひとつが、2003年から2008年にかけたブランド統一戦略である。

2004年4月、当時の松下電器産業と松下電工は、新たな資本関係のもとで、名実ともにひとつのグループとなった。両社とも、創業者・松下幸之助の経営理念を共にする会社だが、1935年に松下電工が配線器具、合成樹脂、電線管部門の事業を継承する形で別会社となって以来、グループの中核企業として協力関係を保ちながら、それぞれ独自の戦略に基づいて事業を展開してきた。しかし、21世紀に入り、グローバル競争が激化する

ブランドの商品分野別運用基準（1988年制定）

ブランド	対象商品分野
Panasonic	映像・音響機器、磁気記録商品、写真用品、情報・通信機器、自動車積載機器、電子部品・半導体・電子管、FA・溶接機器
National	家事・調理・季節・最寄・ポンプヘルス商品、HAシステム、照明機器、食品機器、空調・設備機器、受配電機器、給湯暖房・厨房機器

PanasonicとNationalの違いを打ち出す広告

中、さらなる飛躍に向けて、両社が、共通して息づく経営理念のもと、お互いの力を結集し、グループの総力を挙げた新たな枠組みを構築することが最良であるとの判断に至ったのだ。

それに伴い、2004年1月から、両社がいかに協業していくかを考える「MMコラボレーション」の協議が始まった。両社の中堅メンバーを中心に約400名の社員が集まり、2010年をひとつの目安として、会社の未来を議論し合う機会が設けられた。

大きな課題が今後のグループにおけるブランドのあり方だ。当時、松下電器産業は、主に白物家電などで「National」、映像音響機器などで「Panasonic」のブランドを展開し、松下電工は、国内は「National」と「NA・iS」、海外で「NA・iS」のブランドを展開していた。「NA・iS」とは、「National」の「A&i（アメニティ&インテリジェンス）」＝「快適を科学します」の意でつくられたブランドで、松下電工が独自に使用していたものだ。ブランド統合に向けて、社内横断のタスクフォースチームがつくられ、当時、筆者は松下電工側のブランドの責任者として、松下電器産業のブランド責任者と議論を重ねながら、ブランドの今後について話し合うこととなった。

両社協議の結果、「NA・iS」は廃止し、「National」のブランドカラーを新たに制定することになった。同じ「National」でも、松下電器産業は赤、松下電工は黄色と異なっていたため、新しいコーポレートカラーとしてオレンジを選んだ。

こうした経緯で２００４年以降、ブランド切り替えの作業が始まったのである。ところが、ひと言でブランドの切り替えといっても、その対象は多岐にわたる。イメージしやすいのは、社員の名刺や会社の看板、工場のユニフォームといったアイテムだろう。他にも、販売促進の切り口で考えるとカタログやウェブサイト、広告宣伝、流通の切り口で考えると協業店の看板など、改定すべき箇所は山ほど挙がった。

影響が大きかったのは、各社の製品の取次・販売店だった。松下電器産業の製品を扱う、主要な「ナショナルショップ」だけでも、約一万店。松下電工が協業する工務店・工事店の数は数万店にも及び、一店舗ずつ回って、変更の了承を得なければならなかった。

また、製品に入るブランドロゴもすべて変えなければならず、金型の変更には多大な労力と時間を要した。例えば、配線器具の製品の金型は、ロゴの入る面数が１０００面を超えており、とても一度に取りかかれる作業量ではない。

ブランドを見直し再編することは、多大な労力を要し、一度にすべて切り替えられるものではない。ブランドロゴやコーポレートカラーは、製品、販売促進、流通などさまざまなシーンに浸透しているものである。我々タスクフォースでも、誰が、何を、いつまでにどうするのかを丁寧に決めて、継続的に取り組んだ。

その後もブランド統合の協議は進んだ。三洋電機の子会社化を翌年に見据えた2008年には、日本国内の「National」ブランドを含め、グローバルブランドをすべて「Panasonic」に統一する指針を表明。社名もパナソニックに変更し、社名とブランド名、商号と商標をすべてパナソニックに統一することで、分散投資を避けブランドの価値を高めることを狙ったのである。

B to CからB to Bへ、ブランド体系の再編

2003年から2008年にかけて行われた「Panasonic」へのブランド統合。それからわずか5年後の2013年には、ブランドの再構築が行われた。このブランド再編の動きには、パナソニックがB to C事業からB to B事業へ大きく舵を切る方向性を示す狙いがあった。

2013年1月8日から11日の期間、米国ラスベガスで世界最大規模の家電見本市である「2013 International CES（以下CES）」が開催された。2012年に社長に就任した津賀一宏は、その開幕を飾る主要イベントであるオープニングキーノートスピーチで「パナソニックはもはやテレビだけのメーカーではない」と語り、B to CからB to Bまで、多様

な事業や目指す方向性について宣言している。具体例として紹介したのは、住宅や車載機器といったＢ to Ｂ事業の分野における革新的なソリューションの事例であった。

それまで、一般消費者から見て〝家電メーカー〟の認識が強かったパナソニックだが、売上では家電事業をＢ to Ｂ事業が上回るようになっていた。そして、100周年の2018年には白物家電などを含むアプライアンス事業が全体の3割弱、残り7割強をＢ to Ｂ事業が占めるほどに成長している。ＣＥＳにおける津賀のスピーチは、パナソニックが家電メーカーからソリューション企業へと変わる意志を打ち出したものであった。

津賀社長の就任と同時期に全社のコミュニケーション統括者の立場に就いた私は、一度統合した「Panasonic」ブランドに、Ｂ to Ｂ事業の強化という会社の方針を見える化する狙いで、改めてブランドの再構築に取り組んだ。その施策のひとつが、事業ブランドの導入である。家電以外のブランドイメージを獲得するため、「住宅および住空間」「車載」「Ｂ to Ｂソリューション」の事業領域ごとに事業ブランドを導入した。

現在、住宅および住空間は「Homes&Living」、車載は「AUTOMOTIVE」、Ｂ to Ｂソリューションは「BUSINESS」、そしてインダストリアルソリューションは「INDUSTRY」という言葉を、パナソニックブランドと組み合わせて使用している。

このように、「B to C」から「B to B」へのシフトを目指したパナソニックは、「住宅・車載・B to Bソリューション・インダストリアルソリューション」という4つの成長事業の対外認知・理解拡大を目指して新たなブランド戦略を実行してきた。ブランド体系を大幅に刷新し、事業戦略に対応してマスターブランド戦略からマルチブランド戦略へと転換した一連の取り組みと成果は、社外からも注目を集めている。

2018年、パナソニックは、日本最大のブランディング会社であるインターブランドジャパン社が創設した、ブランディング活動を評価する日本初のアワード「Japan Branding Awards 2018」にて、最高賞となる「Best of the Best」を受賞した。この受賞は、「事業ブランド戦略」の中核的な取り組みである「Panasonic事業ブランドの活用推進」を対象としたものである。受賞時の評価コメントには、「課題分析をもとに、マスターブランド戦略からマルチブランド戦略に転換し、ブランド体系を速やかに変更し、事業ブランドを新たに導入した点、特に注力する事業において目指す事業領域の可視化とお客さまへの認知と理解の向上にむけた戦略構築を行っている点」、「体験提供において、顧客目線を第一に考え、異なる事業主体であっても、同じ事業ブランドを共有することでのブランド価値の分散を防ぐために、事業ブランドの全社表現ルールを制定した後、展示会・ショウルームといったリアルな顧客接点において共有した展開を推進している点」が評価され

事業ブランド別のロゴ

家電	住宅及び住空間	車載	BtoBソリューション	インダストリー
Panasonic	Panasonic Homes & Living	Panasonic AUTOMOTIVE	Panasonic BUSINESS	Panasonic INDUSTRY

たとある。事業構造の転換に伴い速やかにグローバルで新たなブランド戦略を実行し、体験基盤の構築を行ってきたことが評価されたと考えられる。

広報や宣伝、展示会などでも、それぞれの事業ブランドの認知を高める施策を行った。その結果、２０１３年当時と比較し、現在ではＢtoＢ事業の認知が大きく改善している。

また、ＢtoＢ事業に舵を切るということは、グローバルでＭ＆Ａの機会が増えると考えられる。そこで、場合によっては、「Panasonic」のブランドに統一せずとも、買収先のブランド名を使用するケースを認めることにした。すでにブランドの知名度があり、そのマーケットで買収先ブランドのほうが理解や支持が高い場合は、必ずしも「Panasonic」に変えなくとも良しとしたのだ。

個別ブランドの名前を残すのは、「Panasonic」のブランド価値にあえて近づけないほうが良いと考えられるケースだ。たとえば、ターンテーブルやアンプ、スピーカーなど音響システムを提供する

「Technics（テクニクス）」ブランドを、高級オーディオ機器ブランドとして再展開するにあたっては、「Panasonic」ブランドにするよりも、すでに音響専門ブランドとして１９７０年代に熱狂的な支持を集めた「Technics」のブランドのほうが、ブランド価値は高まると判断したのである。

現在は、①「Panasonic」ブランドのみを使用するケース、②個別事業ブランドを使用し、「Panasonic」ブランドのロゴは使用しないケース、③個別事業ブランドを表示するが、「Panasonic」ブランドがその品質を保証する、エンドース事業ブランドのケースの３つのパターンを共存させている。

２００３年から２００８年までのブランド統一の動きと、２０１３年以降のブランド再編の動き。一見すると矛盾するかもしれない。しかし、ブランド戦略とは「事業戦略を実現していくための全ての事業活動・社員の行動を束ねて推進する役割」として位置づけられるべきなのである。ブランドを変えるには膨大な労力やコストがかかる。それでも、事業構造の変化に合わせて、ブランド戦略にも変革が必要なのだ。

第5章

広がる、
ブランドコミュニケーションの
範囲と表現

ブランドコミュニケーション本部が担務する領域

筆者が統括するブランドコミュニケーションの領域には、広報、宣伝、展示会・ショウルーム、CSR・社会文化活動、歴史文化コミュニケーション活動などの機能がある。オリンピック・パラリンピックをはじめとしたスポンサーシップ活動も、宣伝活動のひとつとしてこの傘下に入っている。ブランドコミュニケーション担当の役割の他、2019年現在でアマチュアスポーツが中心の企業スポーツ推進と全社の建物や土地を管轄する施設管財、そしてデジタルマーケティング推進も担当している。

これら、筆者が管轄している領域が、パナソニックにおけるブランドコミュニケーションの範囲と言えるだろう。まずは最近の新しいコミュニケーション方法の開発の事例から紹介したい。

松下幸之助の想いを未来に伝承する「パナソニックミュージアム」

パナソニックでは創業100周年を迎えた2018年、さまざまなコミュニケーション活動を展開した。そのひとつに2018年3月にリニューアルオープンした「パナソニックミュージアム」がある。この施設もブランドコミュニケーション活動の一環だ。

「パナソニックミュージアム」は松下幸之助の思いを未来に伝承する場として開設した。松下幸之助の経営観や人生観に触れることができる「松下幸之助歴史館」と、歴代の製品や広告を通じてものづくりの歴史がわかる「ものづくりイズム館」、それらに隣接した「さくら広場」などからなる。創業者が生涯を通じて、どのようなことを行ってきたのか、その時々で社会や会社に対してどのような考えを持っていたのかを体感できるようなつくりになっている。

ミュージアム内には、松下幸之助の生き方や考え方を深く学べるライブラリーを用意。経営理念やブランド、広告宣伝といったさまざまな切り口で検索して、アーカイブスコンテンツを閲覧することができる。

旧歴史館の建屋を活用した「ものづくりイズム館」では、これまでの家電製品を時系列で展示し紹介するほか、広告宣伝の変遷についても紹介している。併せて、松下幸之助自身の言葉を展示。例えば「ぼくは婦人を解放した」――。その展示を見ると、パナソニックは、日本のくらしの変化とともに歩み、また広告宣伝によって新たなライフスタイルを常に提案してきたのだと実感できる。

創業当時の建物、創業者の言葉、創業以降の商品や広告宣伝の変遷――。パナソニックミュージアムはさまざまな切り口で、創業者の歩みを後世に継承することをコンセプトにしている。このミュージアムは従業員が自社の起源を理解するとともに、パナソニックが掲げる哲学を広く社外の関係者に知ってもらうことも目的としている。

経営理念の発信・共感が社内外の人と企業を結び付ける

松下幸之助が掲げた会社経営の基本は、「企業は社会の公器である」という考え方だ。社会からリソースを預かり、その時々の社会課題の解決に努める。時代や商品がいくら変われども、創業者の経営理念を貫き、ぶれることなく事業を展開してきたのがパナソニックの特長と言える。だからこそ、社員一人ひとりが創業者の思いに触れる機会が重要だ。社員研修など、折に触れて松下幸之助の思想を理解する機会は設けているものの、改めて「パナソニックミュージアム」という形で示すことで、社員たちに経営理念を継承していく狙いがあった。ただし、社員だけに対して伝える目的であれば、何も一般公開する必要はない。一般公開する背景には、社内外問わず経営理念の理解を促す努力が必要であると考えたためだ。

つまり経営理念とは社内だけではなく、社外の関係者や協業者と事業や企業を結ぶものでもあるということだ。「パナソニックミュージアム」は、２０１８年３月９日のグランドオープン後、1年半で50万人以上を動員している。

30年にわたり、オリンピックスポンサーを続ける意味

続いて、パナソニックのブランドコミュニケーションの中でも、特徴的な活動をしてきたオリンピック・パラリンピックスポンサー活動について詳述したい。

パナソニックは1987年に国際オリンピック委員会（IOC）とスポンサー契約を締結。1988年のカルガリー冬季オリンピック以来、TOP（最高位）スポンサーとして、約30年にわたりオリンピックを支援してきた。

2014年には、2017年から2024年までのワールドワイド公式パートナー契約に調印し、さらに日本企業で初めて、国際パラリンピック委員会（IPC）との最高位スポンサー契約を締結している。長年にわたり最新のAV機器や技術を通じてオリンピック・パラリンピックをサポートしてきたのはなぜか。この活動は短期的なマーケティングの成果を求めているのではなく、パナソニックの理念が深く関わっている。

本章では、オリンピック・パラリンピックをはじめとするスポーツ協賛、社会貢献活動など、広告宣伝に留まらない、理念を基軸にしたパナソニックのブランドコミュニケーシ

ヨンについて紹介していきたい。

オリンピックとパナソニックの重なり合う理念

「スポーツを通じて、オリンピック精神の『友情』『連帯』『フェアプレー』精神を培い、平和でより良い世界を目指す」――これがIOCの進めるオリンピック・ムーブメントである。オリンピックがスポーツを通じて目指す、より良い世界の実現への取り組みは、「生産・販売活動を通じて社会生活の改善と向上を図り、世界文化の進展に寄与する」というパナソニックの理念に通ずるものがある。つまり、理念に共鳴するからこそ、約30年にわたるスポンサー活動が続いているのだ。

最先端の技術でオリンピックを支援し、スポーツを通じたより良い社会の形成に貢献したい、という思いのもとでパートナー関係が続いている。理念への共感が土台にあるから、長期にわたってトップスポンサーを続けることができるのである。

一方、もちろんスポンサー活動を有効に活用することで、事業拡大やブランド価値の向上を狙うことができる。オリンピックとのスポンサーシップにおいては、以下の点で事業

パナソニックがオリンピックに協賛する意義

オリンピック・ムーブメント	パナソニック経営理念
スポーツを通じて、オリンピック精神の「友情」「連帯」「フェアプレー」精神を培い、平和でより良い世界を目指す。	生産・販売活動を通じて社会生活の改善と向上を図り、世界文化の進展に寄与する。

理念が重なり合うオリンピックとパナソニック

↓

パナソニックの技術により、オリンピックを支援
スポーツを通じたより良い社会の形成に貢献

やブランド価値への効果が見込めると考えている。

映像・音響機器の納入による技術力の発信

各競技の様子は、現地の放送センターを通じて世界中に発信される。パナソニックでは公式パートナーとなった当初から放送局への機器サポートや技術システムの提供を行っており、最新の放送機材や映像・音響技術を通じて、スポーツの感動の瞬間や情熱を世界中に届けている。

近年、特に注目されているのが、プロジェクションマッピングの技術を核としたソリューションである。２０１６年に開催されたリオデジャネイロ大会では、公式の開会式・閉会式パートナーとして、演出にも携わった。ここで活躍したのが、高輝度のプロジェクターやプロ用の音響機器を用いた、プロジェクションマッピングの技術だ。２０１２年のロンドン大会と比較して、大掛かりな舞台装置を減らした最新技術による演出は、開会式・閉会式を盛り上げ大きな話題となった。次の平昌２０１８年冬季大会でも、パナソニックの技術が採用されている。特に平昌は、冬の雪山という過酷な環境であり、オペレーション室の温度管理、機材の稼働テストなど、細やかな対応を強いられた。そこで、テストから実際のオペレーションまでパナソニックの技術スタッフが関わり、シミュレーションから本番まで、演出のサポートを行っている。こうした技術やオペレーション体制を訴求することで、2021年の東京大会への納入を目指している（東京大会は、後に2020年から2021年への延期が決定）。

2021年東京大会に先立ち、2019年7月24日には東京2020オリンピック・パラリンピック競技大会組織委員会と東京都が共同で開催した「東京2020オリンピック1年前（当時）セレモニー」が開催された。このセレモニーのオープニングパフォーマンスにおいて、パナソニックは高速追従プロジェクションマッピングを披露した。

このプロジェクションマッピングの映像は、即時に編集し、当日夜にはテレビCMとして放映。さらに翌日には、新聞広告として出稿もしている。

高速追従プロジェクションマッピングとは、人や物体など高速で動く対象物に合わせて、映像をプロジェクターで投影するパナソニック独自の技術を使った空間映像演出であるが、オリンピック・パラリンピックは、新しい技術を世界に向けて発信する上で、最高の舞台と言える。

オリンピックの開会式・閉会式は膨大なコストが発生するので、適正なコストに抑えて、感動と興奮を与える演出を実現するため、こうした最新技術が注目されているのだ。オリンピックへの納入実績は、ＢtoＢビジネスにおいてもインパクトを持つ。大舞台を支えた実績は、ビジネス上も大きな意義を発揮するのである。

広報・宣伝活動におけるプロモーション効果

ＴＯＰスポンサーは１業種１社に限られ、契約対象の製品カテゴリーではグローバルで五輪マークを使用した広報・宣伝活動を行うことができる。

２０２１年の東京大会に向けて行っている宣伝活動のひとつが、女優の綾瀬はるかさんを起用した「ビューティフルジャパン」のキャンペーンだ。２０２１年に向けて47都道府県を訪ね、東京大会を目指す中高生たちの様子を種目ごとに取り上げ、鮮やかで緻密な４Ｋ映像で撮影していく。挑戦することの大切さや夢を追うことのすばらしさ、そして日本という国の美しさを再発見していくプロジェクトである。

また２０１９年からは為末大さん（４００ｍハードルでオリンピック出場）を広告宣伝に起用している。パナソニックでは創業１００周年を記念し、２０１８年秋に「クロスバリューイノベーションフォーラム２０１８」を開催。その場で自社の新たな定義として「くらしアップデート業」を発表したが、為末さんを起用した２０１９年正月のテレビＣＭでは「くらしを、世界をアップデート。」をテーマに、先のフォーラム会場で為末さんが未来の社会、生活を体験する様子を描いた。

東京大会の開催が近づいた現在では、為末さんにパナソニック2021パートナーに就任してもらい、パナソニックが2021年、さらにその先の社会課題に対して、技術の力でいかに課題を解決し、未来を創造しようとしているのか。具体的に5つのソリューションを、為末さんの目線を通じて紹介するコミュニケーションを展開している。

こうしたキャンペーン活動に代表されるように、オリンピックの盛り上がりを共につくるプロモーションが可能になり、マーケティング面でメリットは大きいと考える。

重要顧客に対するホスピタリティへの活用

オリンピック開催期間中は、世界中からビジネスパートナーを招待し、おもてなしを行う。各競技の観戦や、開会式前夜にパナソニック主催で約200名を招待し、レセプションパーティを行うなど、ホスピタリティの場としても機能している。

リオデジャネイロ大会ではコパカバーナ地区に位置するシュガーローフマウンテンとパートナー契約を結び、大会期間中、企業パビリオン「Stadium of Wonders」を開設した。IOC、リオデジャネイロオリンピック大会組織委員会協力のもと、オリンピックをサポートしてきた歴史が織り成す映像コンテンツを上映。パナソニックの独自技術による空間演出や、アスリートの記録を体感する体験型展示を通じ、大会関係者やパートナー企業との関係強化を図った。こうした取り組みは他のスポンサー企業と比較してもユニークなもので、ファンづくりに貢献している。

教育・文化活動へと広がるオリンピックスポンサーの活動

ＩＯＣによって定められたオリンピック憲章では、根本原則に「スポーツを文化や教育と融合させ、より良い生き方を創造すること」と書かれている。この原則はパナソニックのブランドスローガンである「A Better Life, A Better World」と共通する思想である。パナソニックのスポンサー活動も、文化・教育活動へと広がりを見せている。

２０２１年の東京大会に向け、我々ブランドコミュニケーション本部では、コーポレートショウルーム「パナソニックセンター東京」にて、オリンピック関連の情報発信を行っている。東京オリンピック・パラリンピックの一丁目一番地である有明の地から、常設展示やさまざまな企画展を通じてオリンピックを盛り上げようという狙いだが、ここでは「スポーツ」に加えて「文化」「教育」をテーマに展示や企画に力を入れている。

文化の面では、「日本のくらし」をテーマにした展示コーナーで、日本独自の衣食住をデジタルソリューションによる演出で紹介。他に、日本工芸会のサポートを得て伝統工芸を紹介する企画展なども行う。

２０２１年東京大会プログラムとしては、次世代を担う子どもたちや若者と一緒に、「スポーツ」「文化」「教育」をテーマにした参加型アクティビティ〝「いっしょにＴＯＫＹＯをつくろう。」プロジェクト〟を２０２０年まで継続的に実施しているが、２０１８年10月〜12月の約2カ月間は、日仏交流１６０周年記念事業認定企画展「The Moment」を実施した。この企画展は「文化」をテーマに、東京に芸術的ルーツを持つフランスのアーティストデュオ「AUDIC-RIZK（オーディック・リズク）」がアスリートの躍動を極限まで写し出し、パナソニックのスポットライト型プロジェクター「スペースプレーヤー」を活用した独自の展示演出により、その瞬間をあぶりだす写真展である。在日フランス大使館などの後援のもと、フランスと日本の文化交流をさらに飛躍させ、２０２１年東京大会、２０２４年パリ大会に向け、ワールドワイドスポンサーとして、スポーツの魅力をグローバルに発信する目的で実施された。こうした協業を通じて、オリンピック・パラリンピックムーブメントの醸成に、グローバルで貢献しているのである。

また２０１９年7月13日〜9月29日の期間には、特別企画展「SPORTS×MANGA」を開催。日本が世界に誇る文化のひとつである「マンガ」を切り口に、スポーツの魅力を最新のテクノロジーと掛け合わせ、新たな感動体験をグローバルに発信することを目指した企画展だ。

教育の面では他にも、東京パナソニックセンター内に、一人ひとりが考え行動するための学びの場「Active Learning Camp」を設けた。２０２1年東京大会の公認施設であり、都立の小中高校、約６００校が課外活動の場として活用している。他にも、２０２1年の開催に向けて、日本オリンピック委員会（ＪＯＣ）や日本パラリンピック委員会（ＪＰＣ）とも連携したイベントを開催している。

オリンピック・パラリンピックのスポンサー活動を通じて、パナソニックがスポーツだけではなく、日本の文化や教育の分野においても情報発信をすることができる。普段の事業活動だけでは接することのできない人たちと接点を持ち、企業のブランドや経営理念を感じてもらえる貴重な機会となっている。

ブランドコミュニケーションにおいて、スポーツが果たす役割

これまでオリンピック・パラリンピックのスポンサー活動がブランドや事業活動にもたらす価値について解説してきたが、パナソニックの手掛けるスポーツ振興の活動は、企業

スポーツの実践やプロスポーツへの支援など多岐にわたる。企業スポーツでは、バレーボールや野球、ラグビーのほか、アメリカンフットボールや女子陸上競技などのチームを保有している。

こうしたスポーツ振興の活動に会社として取り組む狙いは3つある。1つ目は、スポーツがブランドの価値やイメージを向上させる点だ。〝元気なパナソニック〟というイメージを、スポーツを通じて語っていくことができる。

2つ目は従業員のモチベーションアップや一体感の醸成である。パナソニックには、幹部を含めて従業員が企業スポーツの応援に行く文化がある。応援の中で、会社への誇りや親近感を抱いていく。

3つ目は地域社会への貢献である。バレーボールや野球、ラグビーなどそれぞれのチームが、各地で子ども向けのスポーツ教室などを開催している。他にも、東日本大震災の後は、選手が被災地を訪れてイベントを開催するなど、企業スポーツ活動が被災地支援にもつながっている。

余談ではあるが、2019年秋のラグビーワールドカップでは、パナソニックから6人の選手が出場した。彼らの活躍が日本中に勇気と希望を与えたことは記憶に新しい。

また、バレーボールも2019年にワールドカップでベスト4に進出したが、ここでもパナソニックの選手たちが活躍したことを紹介しておきたい。

スポーツ関連のイベントがホスピタリティの場として機能することも多い。主催するゴルフ大会「パナソニックオープンゴルフチャンピオンシップ」では、前夜祭のレセプションやプロアマ交流企画などにB to B事業のお客さまをご招待。スポーツは、ステークホルダーとの交流を深めたり、企業ブランドについての理解を深めたりするための機会創出の役割も担っているのである。

パナソニックの技術でスポーツの価値・魅力を可視化する

パナソニックの持つ先進的な技術を用いて、これまでにないスポーツ体験を提供する取り組みが、「スタジアムソリューション」の事業である。そのひとつが、Jリーグ ガンバ大阪のホームスタジアム「パナソニックスタジアム吹田」だ。4Kカメラや520インチの大型LEDビジョンを2面用いた演出で観戦を盛り上げる他、高度な照明技術を用いてまぶしさを軽減した384台のLED照明、屋根に設置した2100枚の太陽光パネルでスタジアムの消費電力削減を狙うなど、さまざまなアプローチで、パナソニックの技術を用いた新たなソリューションを提案している。スタジアムそのものを〝感動を生むショウ

パナソニックスタジアム吹田

スタジアムそのものを“感動を生むショウケース”として捉えて設計されている「パナソニックスタジアム吹田」。

ケース〟として捉えることで、これまでにない驚きと感動のある観戦体験を提供するのが「スタジアムソリューション」の取り組みだ。

さらに、音響や映像・データを一元管理できるスタジアム総合演出マネジメントも提供している。宮城県仙台市にあるプロ野球 東北楽天ゴールデンイーグルスの本拠地「楽天生命パーク宮城」では、試合中継や大型ビジョンを用いた演出などをパナソニックの技術がサポート。最新の4Kカメラやハイスピードカメラなど、複数のカメラをフレキシブルに活用し、送られてきた映像をコントロールルームで瞬時に編集。11台の大型ビジョンを連動させたダイナミックな演出や公式アプリへの動画配信などを行っている。

パナソニックが提供する機器や技術を用いて、これまでにないスポーツ観戦体験を実現する「スタジアムソリューション」の取り組みは、今後も各地で展開していく。ＳＮＳによるファンの連携やパブリックビューイングなど、スポーツの楽しみ方は多様化している。国内だけではなく、海外への展開も大いに可能性を秘めている事業である。

これまで数々のスポーツにまつわるスポンサー活動を紹介してきた。会社の規模が大きくなるにつれて、個別に異なる狙いのマーケティング活動やプロモーション施策が増えていく。事業への還元やブランド価値の最大化を狙うのであれば、むしろ、基本に立ち返って経営理念やブランドの目指す世界観を明確にし、〝理念への共鳴〟を軸としたパートナーシップを築くべきではないだろうか。パナソニックの場合は、オリンピックやパラリンピックのスポンサー活動、企業スポーツやアマチュア・プロ問わずスポーツ活動への支援、スタジアムソリューション事業など、アプローチはさまざまではあるものの、一貫して経営理念に根ざした活動を行っている。その姿勢がブランド価値となり、さまざまな接点からステークホルダーに広がっていくのである。

パナソニックのSDGsへの取り組み

もうひとつ、企業市民活動を通じた社会課題への取り組みという角度から、ブランドコミュニケーションの広がりを解説したい。

社会貢献活動を重視するパナソニックは、国連が採択した持続可能な開発目標（SDGs）の達成に向けて、本業と企業市民活動の両面で貢献していく姿勢を示している。SDGsとは、2015年9月の国連サミットで採択された、2016年から2030年までの国際目標である。持続可能な世界を実現するための17のゴール・169のターゲットから構成され、発展途上国のみならず、先進国自身が取り組む普遍的な課題だとされている。

第1章で触れたように、松下幸之助は「社会生活の改善と向上を図り、世界文化の進展に寄与せんことを期す」という綱領を定め、その精神をパナソニックは継承してきた。本業であるものづくりを通して、経営理念の実践に努める。ここに、パナソニックのサステイナビリティがあると考えている。SDGsの「事業的な取り組み」については第9章で詳述したい。

企業市民活動の中でもパナソニックが特に注力するのが、SDGsの1番目のゴールである貧困の解消だ。松下幸之助が貧困を罪悪として捉え、それをなくすことが企業の使命

SDGsで提示される17のゴール

と考えていたことに起因する。それ以外の項目においても、環境やエネルギー問題など、事業と親和性のあるＳＤＧｓの目標も多く、技術力を生かした貢献ができると考えている。

製品や技術、モノづくりで培ったノウハウやリソースを生かし、人材育成、機会創出、相互理解などの企業市民活動を通じて、新興国・途上国の貧困にまつわる課題を解決するための取り組みを行っている。ここで、具体的に紹介したい。

ソーラーランタン10万台プロジェクト

貧困が原因でインフラ整備ができず、電化が進まない――そんな「無電化地域」に暮らす人々が世界には約11億人いると言われている。そこでパナソニックは、無電化地域に〝あかり〟を届けることで、教育、医療、経済、安全などの課題の解決に貢献することを目指して、２０１３年から２０１８年にかけて、アジアやアフリカ諸国など30カ国を対象に10万台以上のソーラーランタンを寄贈してきた。

無電化地域で暮らす人々が用いているのは主に、灯油ランプのあかりである。灯油ランプから立ち上る煙は呼吸器にもダメージをもたらし、また薄暗いあかりのため、目にも大きな負担がかかる。そこで、再生可能エネルギーである太陽光パネルを用いたランタンを届けることで、安心・安全を提供することを目的としている。

安心・安全なあかりの提供は、犯罪率の低下や、夜間での出産における安全なケア、夜でも読書や勉強ができる学びの機会の提供にもつながった。ソーラーランタンを通じて現地の生活向上に貢献したいと考えている。

無電化ソリューション

パナソニックの得意分野である照明・電池・太陽光発電技術を活用した取り組みとして、ＮＰＯ／ＮＧＯ団体や現地のコミュニティとパートナーシップを組んだ「無電化ソリューション」の支援がある。現地のニーズを聞きながら、機材の提供や教育・啓発活動の両面

30カ国の無電化地域にあかりを届けてきた

で無電化地域を支援する取り組みだ。
高効率太陽光パネルと蓄電池をパッケージ化し、無電化地域でインフラ電源として使用できる「パワーサプライステーション」など、現地で暮らす人々のニーズに合わせて無電化地域を照らすソリューションを開発し、機材を提供。機材のメンテナンス技術や電気の効率的な使い方など、教育プログラムも同時に提供し、現地で使いこなせるようにサポートしている。

みんなで〝AKARI〟アクション

クラウドファンディングや、古本・CD・DVDによる寄付などを通じて、太陽光発電による途上国の社会課題解決支援を広げていく活動である。集まった資金でソーラーランタンなどを購入し、NPOやNGOに寄付している。企業としての活動だけではなく、社員や顧客などにもこの活動を広げながら、無電化地域の課題に対して向き合っていく姿勢を示している。近年は、このように社員自らが参加できるような仕組みを重視している。新興国・途上国の社会課題に向き合うことで、新たな商品やサービスのアイデアも生まれているのだ。

その他の企業市民活動─①日本国際賞

1985年に「国際社会への恩返しの意味で日本にノーベル賞並みの世界的な賞をつくってはどうか」との政府の構想に、松下幸之助が寄付をもって応え、実現したのが「日本国際賞」だ。全世界の科学技術者を対象とし、独創的で飛躍的な成果を挙げ、科学技術の進歩に大きく寄与し、もって人類の平和と繁栄に著しく貢献したと認められる人に与えられるもので、毎年、科学技術の動向を勘案して決められた2つの分野で受賞者が選定される。受賞者には、賞状、賞牌及び賞金が贈られる。授賞式は天皇皇后両陛下ご臨席のもと開催され、名実ともに世界的な賞として継続している。

その他の企業市民活動――②芸術・文化等への支援

ものづくりの原点ともいえる日本の伝統工芸に関心を持っていた創業者の意を継承し、1960年以降は日本工芸会への支援を行っている。1992年以降は、日本伝統工芸展の全国展での受賞者および初入選者のうち近畿在住の作家に対し、「パナソニック賞」を贈呈するなど、日本工芸会近畿支部とも連携。近畿支部は松下幸之助が、かつて支部長を務めていたこともあるなど、古くから深い関わりを持ってきた団体だ。

また「パナソニック賞」の受賞者は、松下幸之助が京都の南禅寺近くに建てた「真々庵」に招待もしている。松下幸之助が自ら設計した茶室や庭園を擁する「真々庵」は現在、賓客をもてなす場として活用されているが、地下の展示室には収集した工芸作品、作家からお借りした新作が展示されている。ものづくりの原点ともいえる日本の伝統工芸の発展と継承を願って、こうした活動を続けている。

一人ひとりの社員が理念に基づき、社会課題に向き合う

日本社会が貧困の中にあった創業当時は、水道哲学をもって生活の改善を目指してきた。創業から100年後の今、社会課題はますます複雑化している。貧困に苦しむ地域がある

一方、先進国では心の豊かさといった、物資の提供だけでは解決しえないニーズも生まれており、解決は決して簡単ではない。この環境下では、日々の事業活動に加え、企業市民活動においても、社員一人ひとりが日々変化する複雑な課題に向き合い、課題意識をもって積極的、かつ具体的に行動する姿勢がますます重要となっている。

そしてこうした組織風土の醸成においても、核となるのが経営理念に立ち返ることだ。企業市民としての活動も、また理念が基軸となっているのである。

第6章

ビジュアル・アイデンティティ
パナソニックの広告宣伝
100年の歩み

松下幸之助が残した広告宣伝、ブランド戦略の哲学

ここまで、広告宣伝などのビジュアル・アイデンティティ（ＶＩ）に留まらず、ブランドそのものを構築するためにマインド・アイデンティティ（ＭＩ）としての経営理念や、それを実践するビヘイビア・アイデンティティ（ＢＩ）が重要であることを述べてきた。しかし、パナソニックの歩みを再び振り返ると、実は創業者の松下幸之助自身がコピーライティングや宣伝といった広告の表現を重視し、力を入れてきたという歩みも見えてくる。

１９２７年、松下電気器具製作所が電池式の角型ランプを考案し発売したときのこと。初めて新聞広告を打つことになった際、創業者の松下幸之助自身が三日三晩考えて文案を練り、広告デザインを行ったという。掲載されたコピーは「買って安心・使って徳用　ナショナルランプ」。普通に考えれば「買って徳用」となるところを「安心」を前に置き、品質の大事さを訴えたいという思いを表現した。初代・コピーライターは松下幸之助だったのだ。

創業者自らが広告宣伝に携わったのには、松下幸之助が、製造・販売・宣伝は一体であり「良い製品があれば、それをいち早く人々に知らせる義務がある」という哲学を持っていたからである。商品の広告に力を入れるのはもちろんのこと、企業広告にも熱心に取り組み、経営理念を社会に正しく伝えて理解を深めるための活動を積極的に行った。こうし

1927年に掲載された、初めての新聞広告

コピーライティングを担当したのは松下幸之助。松下幸之助は「知らせる価値のあるものをつくって初めて宣伝の必要が出てくる。宣伝もできないようなものなら、製造をやめねばならん」という言葉を残すほど、広告の役割を非常に重視していた。

た姿勢が、パナソニックが60年以上にわたり社内で広告を企画・制作してきたことにつながっている。事業拡大に伴い、外部パートナーとの制作に移行したが、「良いものをつくることと、良いものを知らしめるということは一体である」という松下幸之助の思想は、現在のブランドコミュニケーション戦略の礎となっている。

宣伝部に受け継がれる、「宣伝の基本的な考え方」

パナソニックには、歴代の宣伝部長が代々引き継いできた、7つの「宣伝の基本的な考え方」がある。ここには松下幸之助の経営理念に基づく広告宣伝のあり方が示されている。

「宣伝の基本的な考え方」

1. 企業の社会的使命です。
2. 企業のこころを伝える活動です。
3. 真実でなければなりません。
4. お客さまのこころと言葉でつくり、感動を伝えます。
5. 常に創意工夫が必要です。

6. 高い見識と、技量、熱量で取り組みます。
7. もっとも効率的なコミュニケーション活動です。

特にパナソニックらしさを感じられるのが、ひとつめの「企業の社会的使命」という一節だ。松下幸之助は次のような言葉を残している。「広告宣伝の意義は、本来決して売らんがためのものではないと思います。こんないいものができた。これをなんとかして知らせたい。そういうところからでてくる、まことに尊い仕事ではないでしょうか」「正しい広告宣伝は、いわば善であり、社会にとっては、なくてはならないものだと思います。そこに宣伝の使命感があるわけです」

松下幸之助がこの言葉を発した当時と現在では、メディア環境は大きく異なっている。いちばんの違いがＳＮＳの浸透だ。広告宣伝をしなくとも、商品がよければＳＮＳで拡散され、自然に広まるということも現代ではありうる。「宣伝の基本的な考え方」は、あくまでマスメディア全盛の時代につくられたものではあるが、「広告宣伝は生産人の使命である」という考え方が、我々の広告宣伝活動の原点であることに変わりはない。

創業１００周年を迎えた２０１８年、パナソニックでは、それまでの広告宣伝の歴史を１冊の書籍『パナソニック宣伝１００年の軌跡』にまとめた。そこには、パナソニックの広告クリエイティブに多大なる支援をいただいた、多くのクリエイターの方々にもコメントを寄せてもらっている。ここではパナソニックの広告宣伝を近くで見てこられた、クリエイターの方々の書籍掲載のコメントを引用しながら、パナソニックの広告クリエイティブの姿勢を紹介していきたい。コピーライターの仲畑貴志氏は、パナソニックの広告宣伝の文化を次のように評している。

僕はシェーバーの広告を3、4年担当していて、彦根にある工場によく行っていました。その頃から、パナソニックに対して感じていたのは、モノから離れない姿勢。機能や利便性を伝えることにこだわる、モノ派だな、と。戦略がはっきりしているから、ブレがありません。これだけ長い歴史があるのに、今もその流儀が染み付いていて、変わらないのはすごいです。これがパナソニックの文化なんでしょうね。

商品に近いところで広告してきたことで、パナソニックの商品に対して信頼感が生まれ、ジェントルな企業イメージがついたと思います。商品そのものを提案すれば売れるなら、余計なクリエイティブはいりません。「あかりプラン」を示した新聞広告には、「あかりもずいぶんと進歩しているんですね」と書かれているけれど、当時これを目にした人が、電気屋へ足を運んで、広告商品を見に行っている様子が目に浮かびます。

仲畑氏の分析はパナソニックの広告宣伝に対する姿勢を的確に見抜いている。広告宣伝は生産人の使命であると考えるパナソニックでは、商品・サービスの効用をわかりやすく伝えることを重視する。つまり機能訴求・効用訴求が広告づくりのベースになっているのだ。

機能訴求＋感性訴求の時代へ

しかし１９８０年代、１９９０年代に入ってくると、市場は成熟化し、機能訴求だけでは商品・サービスが売れない時代に入ってくる。市場環境の変化に対応し、広告づくりの姿勢も変わっていく。その姿勢を仲畑氏は次のように分析している。

ところが80年代後半になると、商品の特性だけでは売れない時代に入っていきます。どこの扇風機もよく回るし、どこの冷蔵庫もよく冷える。価格も手頃なノーブランドでも性能が良くなった結果、商品が良いか悪いかではなくて、好きか嫌いかで勝負する時代になったのです。そうなってくると、商品を伝えながらもチャーミングな広告が記憶に残ります。

この当時から、言われ始めるようになったのが「必需品から必欲品」や「モノからコトへ」といったことだ。機能訴求だけでは優劣がつきにくくなり、機能訴求のマーケティングから、感性訴求のマーケティングへと変わり出した時期であった。

この時代の変わり目を筆者は美容家電の広告づくりを通じて、強く感じていた。その広告とは1992年からスタートした「きれいなおねえさんは、好きですか。」シリーズだ。パナソニックにおいて美容家電事業は1960年頃からスタートし、その当時はすでにひとつのジャンルを確立しつつあった。しかし「きれいなおねえさんは、好きですか。」の広告シリーズをきっかけに、大きくヒットを遂げ、現在に至る潮流をつくるに至った。

「内健外美」のコンセプトで、情緒的価値を訴求

それまでもジャンルとしては存在していた美容家電だが、「きれいなおねえさんは、好きですか。」シリーズの前後では、時代のトレンドを反映し、商品企画のコンセプトにも

大きな変化があった。それを示すのが、「内健外美」というコンセプトだ。

それまでの美容家電は、スタイリング器具（くるくるドライヤー）のようなヘアケア器具を見ても「髪型」が重視される傾向にあった。つまりは「型をつくる器具」が求められていた。しかしバブル時代にロング・ストレートヘアが流行したように、90年代に入ると消費者ニーズに変化が起き、ヘアケアで言えば髪のツヤや保湿など「髪質」が重視されるようになっていく。

髪に対する美容行為が「型」から「質」へと移り変わる時、開発された技術が「ナノイー」であった。通常、水蒸気は約６０００nmの大きさであるのに対して、ナノイーは約5～20nm（パナソニック調べ）であり、この微細な粒子をつくる技術で、髪の内部まで浸透するので、高い保湿効果が見込める。このナノイー技術を搭載した、スチームの出るヘアケア器具（ナショナルイオントリートメント）が、初代「きれいなおねえさん」である水野真紀さんを起用した広告宣伝の最初であった。

「きれいなおねえさんは、好きですか。」シリーズの最初のコマーシャルとして制作したのが、この「ナショナルイオントリートメント」と、脱毛器の「ナショナルソイエ」、美顔器の「ナショナルエステジェンヌ」の3商品の広告。いずれも、髪や肌へのやさしさを

美容家電の事業ジャンルを築いた「きれいなおねえさんは、好きですか。」の宣伝キャンペーン

訴求した製品である。それまでの広告宣伝は、あくまで機能訴求がベース。そこで「ナショナルイオントリートメント」のコマーシャルでは、ナノイーの仕組みを当時、まだ珍しかったコンピュータ・グラフィックで表現し、わかりやすく説明。しかし消費者のニーズも変わり、特に女性が使う製品であるため、感性訴求を考える必要があった。

　機能訴求をベースにしながら、いかに感性訴求を加えていけるか。その問いに対する解が、コマーシャルの最後の2秒に入る、「きれいなおねえさんは、好きですか。」のナレーションであった。

機能訴求に感性訴求を加えた、このキャンペーンは消費者から支持され、10年以上続くロングランシリーズとなった。初代の水野真紀さんが5年、その後、松嶋菜々子さん、中谷美紀さん、片瀬那奈さん、仲間由紀恵さんと、5代の「きれいなおねえさん」により、市場が確立されていくことになる。現在では中国・東南アジアなどでも美容意識の高まりとともに、市場が広がっている。

広告を通じて得た市場の反応を商品開発に取り入れる

「きれいなおねえさん」シリーズの広告を開始した前後には、その反応を多方面から調査・分析している。具体的にはコマーシャル認知率や商品理解率、使用意向率、購入意向率などで、非購入の場合にはその理由などをコマーシャル放映前後でリサーチした。

ここで集まったデータは、次の広告宣伝活動に生かすためだけに用いられるのではない。パナソニックでは、次の商品開発に生かすことも目的にし、広告に関する調査分析をしている。これらのデータは常に商品部門のスタッフにもフィードバックされていた。商品の機能価値は伝わっているのか、伝わっているにもかかわらず、購入意向が高まっていないとするならば、技術を生かしつつ、どのような商品コンセプトを打ち出していけばよいのかなど、議論を重ねていく。

当時社内では、よく「ＳＨ変換」という言葉が使われていた。Ｓはソフト、Ｈはハードの意味で、ナノイーのような技術（Ｈ、ハード）をどう変換すれば、消費者のニーズを満たす効用（Ｓ、ソフト）ができるのか。その企画においては、商品開発部門だけでなく宣伝部門も大いに関わる必要があるし、またそこでの議論においては広告の反響も重要な材料となる。

インキュベーション機能を果たした、住宅設備の広告

本章冒頭ではパナソニックに受け継がれてきた、７つの「宣伝の基本的な考え方」について言及した。

この７項目には入ってはいないが、もうひとつ重視されてきたことに「広告はニュースでなければならない」という姿勢がある。ここで言う「ニュース」の意味するところとは、「生活提案」のこと。広告宣伝には常に新しいくらし、新しい生活の提案が必要であるという姿勢だ。

くらしに寄り添ってきたパナソニックは、生活提案を重視してきた歴史がある。筆者が

関わった事例では、特に住宅設備のリフォーム事業の広告宣伝が挙げられる。

住宅設備、リフォーム事業の始まりは、1960年代。特にエポックメイキングとなった広告宣伝が、1968年に「1部屋2あかり3コンセント」のコピーからスタートした、1年にわたる新聞のシリーズ広告であった。当時、住宅設備関連の製品には照明器具、配線器具、雨といなどのラインナップはあったが、今日のような商品レンジの広がりではなかった。それでも「住空間提案をしよう」という意気込みで、毎月全15段の生活提案の広告を1年間、掲出していった。

この生活提案型の広告シリーズを支えたのが、「建築ブレーン会議」だ。建築家や大学の研究者など、日本を代表する住空間のプロフェッショナルを招聘し、生活スタイルが大きく変わろうとしていた当時の日本において、次にあるべき住空間の形を議論してもらっていた。

「建築ブレーン会議」で次の住宅トレンドを先取りし、そのトレンドを踏まえて、広告を通じて生活提案を行う。この一連の新聞広告には、お客さまからも大きな反応があった。「建築ブレーン会議」での議論、その議論を踏まえた提案型の新聞広告を行い、さらにその広告に対するお客さまからの反響を商品開発部門にフィードバックすることで、住宅設備事業の製品・サービスは徐々に拡充していく。それが現在のリフォーム事業へとつながっていくのだ。広告を通じた未来の生活構想の提案が、新しい事業を形づくるインキュベーション機能を果たした。事業構想型の広告だったと言えるだろう。

1983年からスタートした「Life Sketch」の広告展開も、同じ考えに基づき行われたものだ。当時、専門家を招聘した「ライフスケッチ研究所」をつくり、ナレッジを蓄積し最新の住宅トレンドを分析、把握しながら広告をつくり、その広告の反響を商品開発部門にフィードバックし、次の商品開発につなげていった。「1部屋2あかり3コンセント」の広告から始まる一連の新聞広告、「Life Sketch」、1988年から掲げた「A&I（アメニティ&インテリジェンス）快適を科学します」という事業のスローガン、さらに後に触れる「リライフストーリー」や「Wonders!」の活動は、すべて生活提案という軸で一貫している。

またパナソニックでは他社に先駆け、約半世紀以上前から住宅設備関連のショウルームを開設。広告を通じた、お客さまからのフィードバックだけでなく、ショウルームというリアルな場でのコミュニケーションも、生活提案に対する反響として蓄積し、次の商品開発に生かしてきた系譜がある。

「建築ブレーン会議」から生まれた広告

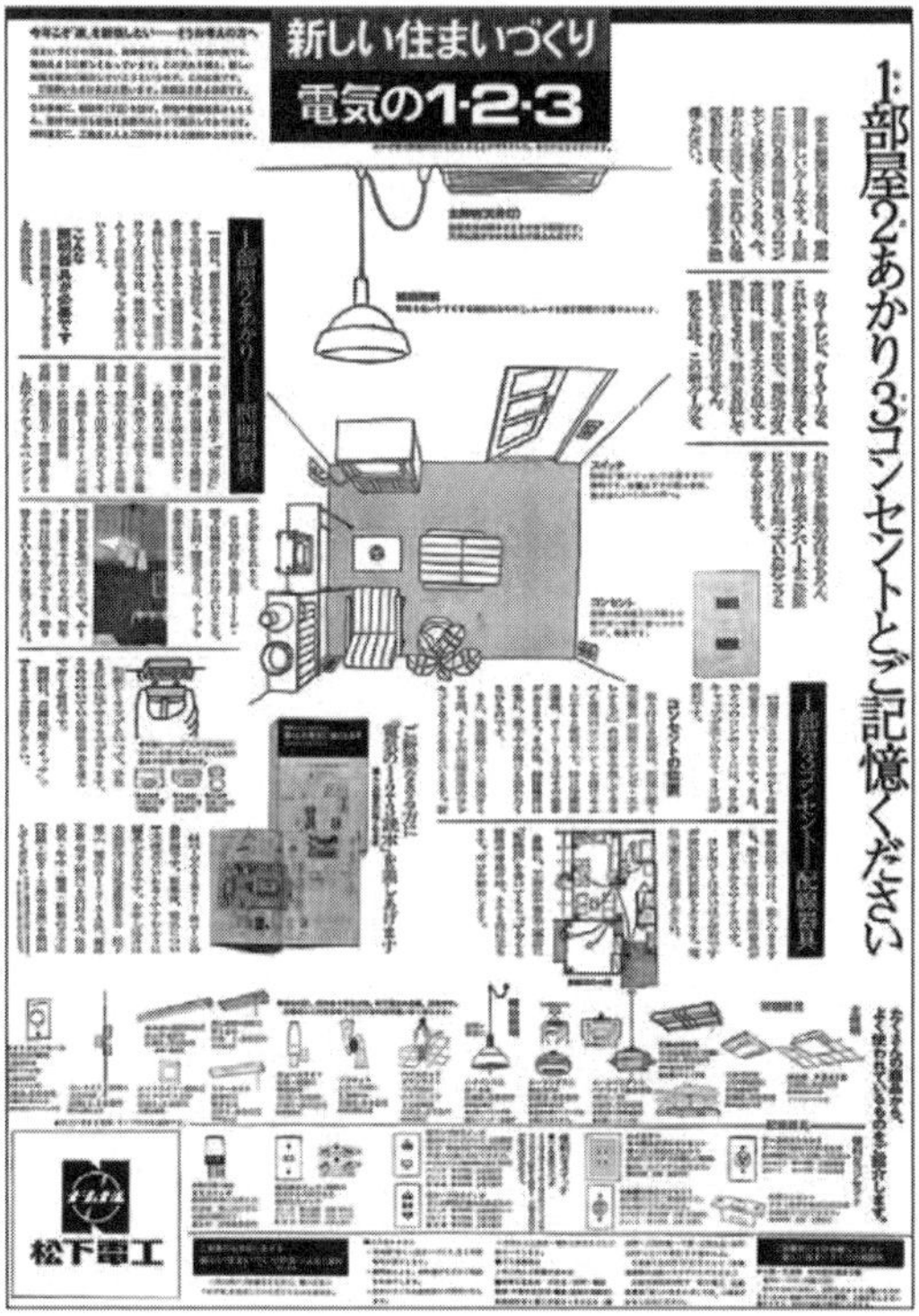

前述の『パナソニック宣伝100年の軌跡』では、アートディレクターの葛西薫氏からもパナソニックの広告宣伝活動についてコメントを寄せてもらっている。

今や時代が進み、ITやIoTなどいろんなものが発達しています。一方で、良かれと思ってつくったものが、実は不要ということもある。～中略～こうした流れが行き過ぎないよう、基準となる企業がぜひ現れてほしい。「これは必要だからつくるけれど、これはよい生活を送るために必要ないからつくらない」という判断は、人々の幸せを一番に願い、くらしに必要な商品を世に送り出してきたパナソニックにこそ期待したいところではあります。

くらしをより良く、世界をより良くするための生活提案を込めた商品、そして広告こそが、パナソニックに100年にわたり引き継がれてきた広告宣伝のDNAと言えるのではないだろうか。

また第2章でコーポレート・アイデンティティとは「マインド・アイデンティティ（理念の統一）」、「ビジュアル・アイデンティティ（視覚の統一）」、そして「ビヘイビア・アイデンティティ（行動の統一）」の3つで構成されるという考えを示した。「ビジュアル・

「A&I」をテーマに掲げた新聞広告

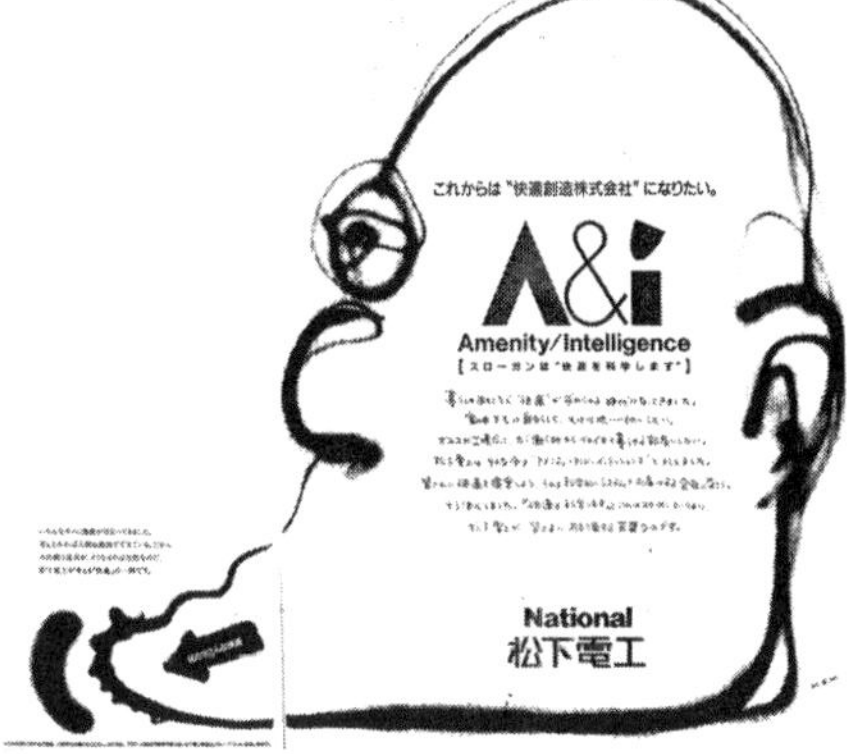

「A&I（アメニティ＆インテリジェンス）快適を科学します」という宣言を通じて、住空間を広く定義し、快適空間という表現で、生活における快適性を高めることをコンセプトに、企業姿勢を打ち出した。筆者は、この広告のコピーライティングを担当した。

アイデンティティ」としての広告表現に留まらず、それがマインド・アイデンティティ、さらには新規事業構想というビヘイビア・アイデンティティにつながっている点も、本章で取り上げた広告宣伝活動に共通していると考えている。

一人ひとりのお客さまに語り掛ける企業広告

パナソニックの製品・サービスの広告では、機能をわかりやすく伝えながらも、生活提案があることを重視してきた。一方の企業広告は、社会の公器としての企業活動を理解してもらうための活動という文化が、脈々と受け継がれている。

古くは１９６５年の新聞広告「儲ける」や１９６８年の創業50周年広告、最近では２０１８年の正月広告「日に新た」など、常に創業者、そして企業の社会に対する思いや志を広告に込めて発信してきた。

全国47都道府県との創業者のつながりを示すエピソード

そして、１００周年を迎えた２０１８年3月。もし創業者が存命であれば、一人ひとりのお客さまに語り掛ける気持ちで、新聞広告を使っていたのではないか。そう考え、創業者の理念に改めて向き合い、その実践を社内外に伝えるための取り組みとして、創業１００周年の２０１８年3月に全国60の新聞に掲出した広告、「みなさまと共に歩んだ１００年の感謝」を企画した。１００周年を迎えることができた感謝の気持ちを表すため、47都道府県別に異なるコンテンツの新聞広告を掲出。この広告では、創業者である松下幸之助と全国47都道府県とのつながりを示すエピソードをもとに、全国のお客さま一人ひとりに感謝の気持ちをお伝えした。

これは松下幸之助が存命で、１００年の感謝をお客さまに伝えようとしたら、おそらく手紙を書くのではないかと考えたことが発想の原点だった。もちろん、一人ひとりに手紙を書いて届けることはできない。それゆえ一軒一軒に届けられ、手紙の発想に最も近いメディアとして新聞を選んだのだ。

この「都道府県別」企画の背景には、松下幸之助が目先の経済合理性を追い求めるのではなく、地域への貢献を重視してきた歴史がある。例えば、急速に経済発展した昭和30年代には、各地の交通問題に対して企業として取り組んでいる。自動車が急激に増加し、人口が集中する都市で交通事故が深刻な問題となっていた時代、松下幸之助は「都市問題の解決には官民一体となった取り組みが必要」と考え、率先して対策に取り組んだ。

松下幸之助が思いを語った広告（1965年／新聞）

儲ける
この大事なことを もう一度 真剣に考えてみましょう
立派に乗り切った武力敗戦
もっと尊重してほしい利益観
ありえない 利益なき繁栄
断じて許されない経済敗戦
商売に信念をもつ時代
人物金すべては天下のもの
松下電器産業株式会社
松下幸之助

「昭和39年、大阪駅前に　交通安全への架け橋を」

大阪駅前東交差点の交通混雑を緩和するため架橋の計画が立ち上がったものの、資金面で行きづまっていることを知った松下幸之助は、昭和39年、陸橋づくりの協力を会社として申し出た。

「昭和45年、名古屋に安全の道をひらく児童交通遊園を」

昭和43年には、児童の交通等災害防止対策として、総額50億円の寄贈を発表。毎年3億円以上を15年間にわたり全国都道府県と政令都市に分割して贈呈するものだった。名古屋では昭和45年に、児童交通遊園や歩道橋の建設、さらに教材や巡回車といった交通安全教育にも活用された。

こうした社会貢献活動だけではなく、地域経済を活性化することで社会に貢献しようとした事例もある。たとえば「九州各県にひとつずつ工場をつくる」計画がそのひとつだ。

「昭和39年、発展の原動力となった　旧鳥栖町の乾電池工場」

昭和29年。主要産業である石炭産業が斜陽化していた九州地方では、新たな産業の誘致が急務であった。そんな中、県と市の方々から「いまは使われていない工場を使用して、地域開発のために協力してもらえないだろうか」と依頼を受け、松下幸之助は「九州の発展のためにお引き受けしましょう」と応えた。

その一号となったのが、昭和39年に完成した旧鳥栖町の乾電池工場だった。佐賀県で出稿された新聞広告では、以下のようなボディコピーを掲載した。

「九州の発展のためにお引き受けしましょう」――佐賀のみなさまと私たちの挑戦は、創業者松下幸之助の一言から、はじまりまし

た。

昭和29年。当時の九州地方は、主要産業である石炭産業が斜陽化しており、地域経済の再建のために新たな産業の誘致が求められていました。そんな中、地元の県と市の方々が、私たちの大阪本社を訪ねてこられて言いました。「いまは使われていない工場を使用して、地域開発のために協力してもらえないだろうか」。当時の日本は復興期にあって、使われないままでいる土地が、たくさんあったのです。力になりたい。そう思う一方で、当時の九州は、家電工場が必要とする関連工場がまったくと言っていいほど育っていませんでした。そのため、最初はお断りをいたしました。しかし翌年、再び本社にお越しになった県と市の方々から「地元の発展のために」と再度依頼を受けた時に、松下幸之助は言いました。「地元のみなさんがそれほど熱心におっしゃるならばわれわれもみなさんの熱意におこたえしないわけにはいきません」。それに続いたのが冒頭の言葉でした。それはやがて『九州各県にひとつずつ工場をつくる』計画へと発展。第1号となったのが、昭和39年に完成した旧鳥栖町の単三乾電池工場でした。地元の方々から、たくさんのお力をお借りしながら、共に地域のために尽くしてきたこの工場。50年以上たったいまも、佐賀県と日本のために稼働し続けています。

大正7年の創業以来、私たちがここまで歩んでこられたことは、佐賀のみなさまをは

「新聞広告大賞」を受賞

新聞広告賞授賞式にて。写真中央が筆者。

じめとする、たくさんの方々のご愛顧とご信頼の賜物と心より感謝申し上げます。これからも変わらぬご支援を賜りますよう、よろしくお願い申し上げます。

地域の抱える社会的・経済的な課題に、企業として取り組んできた歴史があるからこそ生まれた広告だ。

余談ではあるが本広告は第38回新聞広告賞で「新聞広告大賞」を受賞した。新聞という広告メディアが持つ今日的な価値や役割を提示した活用法が評価を得たと考えている。

第7章

「A Better Life, A Better World」の構想と実践

これからの100年で目指す姿、「くらしアップデート業」

パナソニック100周年記念事業の幕開けは、2018年1月に米国で開催された「CES2018」の展示から始まった。これを皮切りにスタートしたグローバル展示ツアーの集大成として2018年10月30日から11月3日には東京国際フォーラムで「クロスバリューイノベーションフォーラム2018」を開催した。基調講演に登壇した、社長の津賀の話は「Who is Panasonic?」という自らへの問いかけで始まった。この問いは、我々がこの数年、悩み続けていたテーマである。かつての家電だけでなく、事業が多岐に広がる中で、我々の存在意義、その基軸はどこにあるのかという模索があった。

模索の末に、津賀が語ったのが「くらしアップデート業」を目指すという宣言。一人ひとりのより良いくらしを実現すること、よりくらしやすい社会をつくる貢献をすることにすべての事業の根幹がある。ここに、パナソニックのこれからの100年の中で目指す姿が表現されていた。

この「くらしアップデート業」という言葉は2013年、新たに制定した「A Better Life, A Better World」のブランドスローガンの流れにある。特に「A Better Life」という概念を体現するひとつの形であると言える。

2つのショウルームが目指す、ライフスタイル提案の未来

2018年11月に発表された「くらしアップデート業」のスローガンだが、この概念を体現した活動はすでに始まっていた。その活動が、2016年7月にリニューアルオープンした、大阪駅前・グランフロント大阪内にある「パナソニックセンター大阪」と、東京二子玉川に2018年3月にオープンした「RELIFE STUDIO FUTAKO」だ。これらのショウルームも筆者が管轄している。

2016年のリニューアルまで、「パナソニックセンター大阪」は最新の家電商品を体験・体感してもらうショウルームの役割を担っていた。しかし「A Better Life」のスローガンを具体化する上では、モノの提供だけでなくモノの提供の先にあるくらしの提案、つまりはライフスタイルの提案が必要であるとの考えから、大規模なリニューアルを行った。

生き方・くらし方の多様化により、一人ひとりが求める住空間は変化している。その多様なライフスタイルに応えるのが、「パナソニックセンター大阪」が目指す姿だ。このショウルームでは、シニア世代のセカンドライフ提案を目指し、具体的には55歳のミドル層をメインターゲットに据えて企画している。

「パナソニックセンター大阪」には「くらし総合コンシェルジュ」を設置。パナソニックが得意とする住宅設備やリフォームだけでなく、グループ会社や他業種の提携パートナー

の力も借り、不動産、ファイナンシャルプラン、シニアライフサポート、くらし情報まで幅広く、お客さまの相談に乗れる体制を整えている。

さらに、くらしの提案を行うミニセミナー「くらしの大学」を、ほぼ毎日実施。モノ消費から、コト消費へと移り変わる時代に「くらしアップデート業」を目指すパナソニックとして、これからのくらしの中でお役立ちできる提案を行う場として機能している。

今後、国内においてはシニア層の人口が拡大し、人生100年時代と言われる中、セカンドライフの期間も長期化していく。55歳のミドル層をメインターゲットに想定したのは、自分らしいセカンドライフのくらし方、そのヒントを得られる場になればと考えたためだ。

理想とするライフスタイルは、人それぞれ異なる。そこで「パナソニックセンター大阪」のオープンに際しては、まずは100の「リライフストーリー」の構築を目指した。最初に、大きくシニア世代を「趣味派」「健康派」「自然派」「利便派」「地縁派」の5つのセグメントに分類したが、価値観が多様化した現代、この大きなセグメントだけでは、一人ひとりの潜在ニーズに寄り添うような提案はできない。100を目指したことに大きな理由はないが、少しでも一人ひとりのお客さまに寄り添えるような提案をしたいと考えてのことだ。

リライフテーマごとの詳細なストーリー

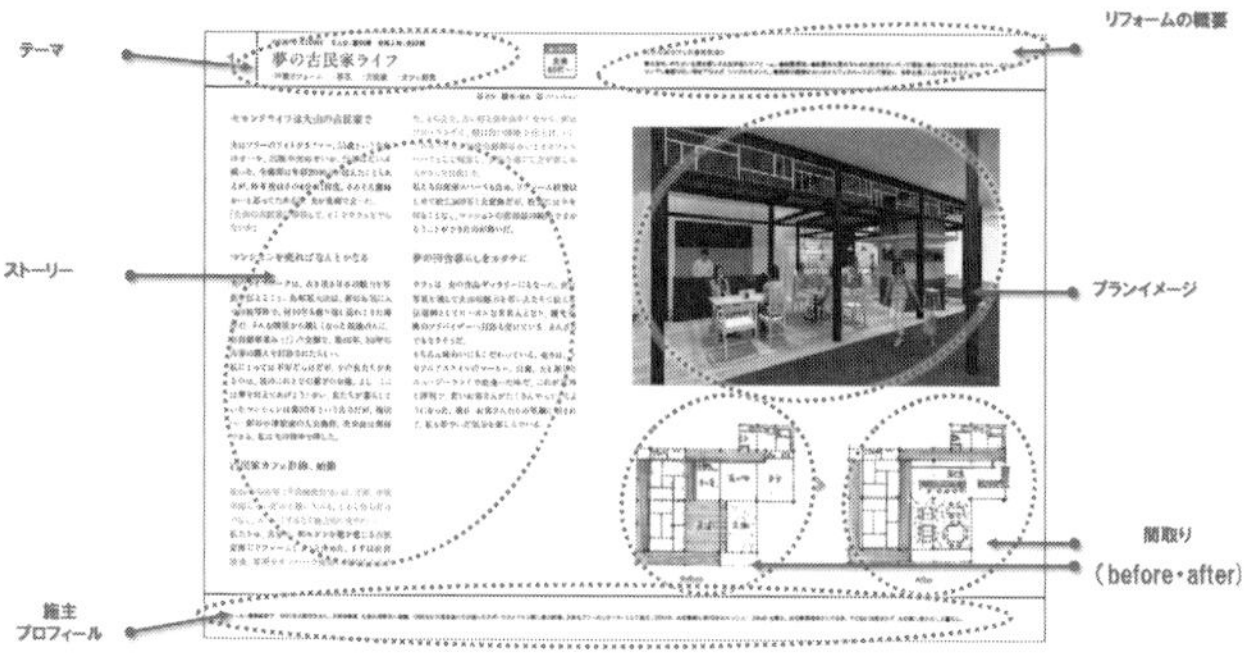

現在「パナソニックセンター大阪」では、100のリライフストーリーの中から十数個を選んで、展示している。リライフストーリーに基づく展示、さらに「くらし総合コンシェルジュ」の存在で、リアルなこれからのくらしをイメージできる空間をつくることができればと考えている。人のくらし方に対するニーズは漠然としたものだ。最初から、完璧な間取りを提案するわけではなく、コンシェルジュとの対話の中から、完成形を見つけていく。前述の「クロスバリューイノベーションフォーラム2018」で、社長の津賀は「あえて未完成品を世に出していく」という宣言を行っている。完成品に仕立て上げるのは、そのモノを使っているお客さま。だからこそ「あえての未完成品」で世に出し、お客さまとの対話を通じて一人ひ

とりのくらしに合わせたアップデートを目指していく、との考えがあってのことだ。「パナソニックセンター大阪」にも同様の思想がある。

２０１８年3月にオープンした「RELIFE STUDIO FUTAKO」は、「パナソニックセンター大阪」の取り組みを首都圏に展開したものだ。ターゲット層は55歳以上のプレミアムエイジに加え、二子玉川という地を意識して、35～40歳のプレミアムエイジジュニアを想定している。

ＣＣＣとの連携により、「RELIFE STUDIO FUTAKO」では蔦屋家電で販売している書籍や生活雑貨も併せて展示。さらに、常に新しい生活スタイルを提案するイベントを実施してきた。「ショウルーム」ではなく、あえて「スタジオ」という名称を付けたのは、つくり込んだショウルームでは、自らをアップデートできないからである。モノではなくコトの提案の場を目指した結果である。

「RELIFE STUDIO FUTAKO」はＣＣＣの協力を得て、二子玉川 蔦屋家電にオープンしているが、ＣＣＣとパートナーシップを組んだ背景には、この2つの場が従来型のモノの機能を訴求するショウルームではなく、ライフスタイル、つまりはコトを提案する場であることに理由がある。ＣＣＣはライフスタイルの提案をスローガンに掲げる企業であり、「くらしアップデート業」を目指す当社と共創関係がつくれると考えてのことだ。現在、この

2つのショウルームでは、いずれも「リライフ」をコンセプトに掲げた展示を行っている。また「RELIFE STUDIO FUTAKO」では、デジタルマーケティングの新たな取り組みも行っている。CCCのTポイント会員データを活用し、会員の中から潜在顧客層を抽出。新たな顧客接点の創出を目指している。

あえて未完成品を世に出し、一人ひとりに最適な提案を

先の「あえて未完成品を世に出していく」という津賀の言葉は、一人ひとりのお客さまにカスタマイズした価値提案を目指していきたいという宣言でもある。その実現に際して欠かせないのが、データを基盤としたデジタルマーケティングだ。パナソニックでは2017年にデジタルマーケティング推進室を設置。現在、筆者が管轄している。

デジタルマーケティング推進室では、家電のお客さまを中心とする「Club Panasonic」のデータ、全国に約70ある「パナソニックリビングショウルーム」のデータ、パナソニック製品の修理を担う関連会社が持つデータなど、散在していた顧客情報を統合する取り組みを進めている。データを基に一人ひとりのお客さまに合わせた提案やサービスの提供を目指してのことだ。

将来、個別のお客さまに完全にカスタマイズするなら、デジタルマーケティングが必要になる。データを取り込んで、ライフステージに合わせたリライフ情報を発信していく。「RELIFE STUDIO FUTAKO」での取り組みはその一例で、リアルのプラットフォームを組み合わせることで、実体を伴ったデジタルマーケティングが実現できると考えている。

お客さまに寄り添い続けるために事業全体に横ぐしを刺す

パナソニックが一人ひとりのお客さまに向き合おうと考えた時、弊害になるのが社内の複数部門に散在していたデータの統合という問題だった。そこで発足させたのが前述のデジタルマーケティング推進室だ。

デジタルマーケティング推進室の役割は大きくは3つある。1つ目が国内を中心としたBtoC事業における顧客データの統合だ。住空間や家電など各事業別、さらにオンライン、オフラインで取得した顧客データをお客さま起点でつなぎ、より一人ひとりのお客さまにカスタマイズしたコミュニケーションの実現を目指している。

本来、パナソニックはお客さまのすべてのライフステージで寄り添うことができる商品群を抱えている。しかしカンパニー制をとっているがゆえ、全事業の横連携がすべてスムーズになっているとは言えないのが課題だ。そこで全事業に横ぐしを刺す役割をデジタルマーケティング推進室が担おうとしている。ただ、パナソニックは全国のショウルームをはじめ、リアルなお客さまとの接点が多く、それが強みにもなっている。そこでデジタルマーケティング推進室の活動は決してデジタルに閉じることなく、むしろアナログな接点でのコミュニケーションの質を高めることも重要な役割であると考えている。

オープンイノベーションの推進とマーケティングコミュニケーションの課題

デジタルマーケティング推進室が担う2つ目の役割が、海外のBtoB事業におけるデジタルマーケティングの推進だ。例えばアカウント・ベースド・マーケティングを実践するなど、デジタルデータを活用することで、BtoBのマーケティングを強化していくことが役割として期待されている。

3つ目が全社におけるデジタルマーケティング「COE（Center of Excellence）」機能を果たすこと。最新のデジタルマーケティングのツールに関するナレッジを蓄積していくほか、人材育成の役割も担っている。

パナソニックでは２０１８年から社内複業制度が始まっている。デジタルマーケティング推進室の専任者は６名で、兼任者が９名。それ以外に社内複業メンバーが５名いる。それぞれが異なるバックグラウンドを持っており、社内においても新しい働き方を推進している部門になっている。

くらしに寄り添うためにもデジタルマーケティングが必要

デジタルマーケティング推進室は前述のような3つの役割を担っているが、最も重視しているのが1つ目の顧客データの統合である。

現在、パナソニックの家電事業では、ＩｏＴ家電の開発に力を入れている。顧客データ活用の取り組みは、まだ始まったばかりだが、その先にはＩｏＴ家電とのデータ融合も見据えている。お客さまの利用状況も把握することで、より適切な提案を可能にしていきたい。パナソニックは、家電だけでなく住宅設備の事業も手掛けている。家電に留まらず、住空間全体でデータを活用した新たなサービスの創出が可能になると考えている。

第６章で、パナソニックの広告宣伝の歴史を振り返り、そこを貫く「生活提案」の文化を紹介した。しかし、いま一人ひとりが求めるより良いくらし、ライフスタイルはますます多様化している。パナソニックがこれからもお客さまのくらしに寄り添うという経営理念を実現していくためには、多様化する一人ひとりのライフスタイルや嗜好、価値観に寄り添わなければならない。デジタルマーケティングの取り組みもまた、経営理念を基軸にした活動なのである。

くらしからスポーツへ、データ連携で広がる可能性

パナソニック内の各部門が持つデータを連携させる取り組みとしてスタートしたデジタルマーケティング推進室の活動だが、昨今では、その連携範囲をさらに広げている。ケースのひとつが、サッカーJ1リーグに属する「ガンバ大阪」との取り組みだ。

ここで着眼したのが、インターネットで試合チケットを予約するのに使われる「JリーグID」だ。ID登録に際しては、メールアドレスや住所、年齢のほか、「応援するチーム」を登録する必要がある。「応援するチーム」にガンバ大阪を選んだ人は約17万人で、リーグ最多の規模であったが、十分に活用できていないという課題があった。

そこで、パナソニックからデータ分析やマーケティングを専門とする従業員5人をガンバ大阪とのプロジェクトチームに派遣。チケット購入者の属性や来場頻度などを分析し、

どのような属性の人が何人、スタジアムに観戦に来ているのかを把握することにした。さらに、そのデータを基に対象者に合った効果的なイベントを企画したところ、2019年シーズンの平均入場者数が前年比2割増になるなど大きな成果につながった。

例えばチケット購入者のうち、3割を女性が占めることがわかったことから、パナソニックのドライヤーやヘアアイロンを使ったヘアアレンジセミナーも開催。データ分析をしたことで、観客を増やしつつ、さらにパナソニック製品の新しいプロモーション機会の創出にもつながっている。

第8章

ビヘイビア・アイデンティティ「Wonders! by Panasonic」

ビヘイビア・アイデンティティ「Wonders! by Panasonic」とは

第2章でコーポレート・アイデンティティは「マインド・アイデンティティ（理念の統一）」、「ビジュアル・アイデンティティ（視覚の統一）」、そして「ビヘイビア・アイデンティティ（行動の統一）」の3つで構成されるという考えを示した。「ビヘイビア・アイデンティティ」とは、企業の理念を実践するための具体的な計画や行動を規定するもので、2014年に制定した「Wonders! by Panasonic」が、それを象徴する言葉だ。

家電から、住宅、自動車、B to Bビジネスなど、さまざまな空間・領域に事業は拡大しているが、事業を通じて社会が抱える課題に向き合っていく姿勢は変わらない。さらに2013年以降は、これまでにないワクワクやドキドキ、そして驚きのある商品やサービスをお届けしていくことを重視し、これを「Wonders! by Panasonic」と表現している。「Wonders! by Panasonic」は、パナソニックの変革を牽引するキーワードであり、「A Better Life, A Better World」を実現するために、さまざまな〝驚き〟と〝感動〟を生む製品を提供していきたいという思いを示している。つまりは経営理念を一人ひとりの社員が日々の行動を通じて、どのように実践するべきかの指針と言える。

「驚き」と「感動」をテーマにした「Wonder賞」

「Wonders! by Panasonic」というキャンペーンスローガンを掲げはじめた当時、パナソニックは2年連続での最終赤字という、厳しい局面を迎えていた。このスローガンには、ビヘイビア・アイデンティティとしての役割、つまりは従業員向けに変革を促し、社員一人ひとりの元気を取り戻そうという思いが込められていた。

そこで、スローガンを掲げるだけでなく、「驚き」と「感動」をテーマに社内アワード「Wonder賞」を企画。パナソニックでは年に1回、業績に大きく寄与した商品・事業を顕彰していたが、ここに「Wonder賞」を追加。「Wonder賞」では、経営貢献までには及ばなくとも、「驚き」「感動」を体現した商品・事業を顕彰している。まだ事業としては育っていなくとも、社会の課題を解決し、企業の未来を創るような事業を表彰し、事業育成を加速しようという意図で運営している。

「Wonder賞」は、選考過程に多くの審査員に参加をしてもらっている点に特徴がある。従業員の他、社外の有識者や消費者の方々に審査に加わってもらうことで、パナソニックらしい驚き、感動のある商品づくりとは何かを従業員一人ひとりに理解してほしい、と考えたためだ。

この審査の仕組みは、第6章で触れた「建築ブレーン会議」などにヒントを得たものだ。

社内と社外での評価に違いがあることも多く、その分析からパナソニックが社会から求められていることに対する理解が深まることもあった。このように「Wonders! by Panasonic」は単なるビジュアル・アイデンティティではなく、従業員のマインド・アイデンティティを醸成し、ビヘイビア・アイデンティティへとつなげる役割を果たしている。

実体のあるブランドコミュニケーション活動

「Wonder賞」に社長賞などを加えた14の受賞作品を対象に、開発秘話や従業員の思いを1冊にまとめた冊子『100年の「コト」づくり。』も制作。この冊子は、パナソニックのDNAを再確認することを目的に制作したものだ。その他、日経BP社と組んで制作した、Webサイト「未来コトハジメ」も開設。ここでは「Wonder賞」受賞作品を通じて、BtoB事業を訴求している。「Wonder賞」があることで、パナソニックの社会に対する姿勢を具体的な活動をもってコミュニケーションすることにつながっている。

2016年からは、さらなる「驚き」と「感動」の創出を目指して、大阪にオープンイノベーションの拠点「Wonder LAB Osaka」を開設。現在は東京、福岡を加えた3拠点に設置している。

「Wonder賞」受賞作の商品広告

「Wonder LAB」では、R＆D部門が運営主体となり、ハッカソンなど社外を巻き込んだイベントを定期的に開催。交流を通じて、商品・事業のアイデア創出を目指す、オープンイノベーションの場として機能している。

オープンイノベーションの創出を目指す活動には、他にもイントラネット上で展開する「Wonder知恵袋」がある。R＆D部門の従業員に限らず、日常の中での困りごとなどを解決するアイデアを誰もが投稿できる場で、そこで集まった知恵は『ヒラ社員が閃いた！パナソニックの知恵袋』という書籍として刊行。このプラットフォームは組織の垣根を越えて、個人が自由にクリエイティブできる「発・着・想」の場になっている。

日本型の商品開発は、縦割り組織で進んでいくのが一般的であった。しかし、「Wonder知恵袋」の取り組みを通じて、思いや志を共にする従業員一人ひとりがつながり、その結果としてプロジェクトが生まれていく姿のほうが、今日的なあり方なのではないか。これからの仕事の仕方、働き方についての示唆も得られる取り組みとなった。

国外へも広がっていく、ビヘイビア・アイデンティティの取り組み

「Wonders! by Panasonic」をスローガンに掲げるビヘイビア・アイデンティティ（ＢＩ）

の取り組みは社内、さらには国内に留まらない。技術力を訴求する発信だけでなく、世界最大のデザインの祭典である「ミラノサローネ」のような場でも、「Wonders! by Panasonic」の活動を行っている。「空間発明」をテーマに日本の伝統文化と技術の融合を提案する展示を行い、2016年には約1200点の作品の中から一般投票で選ばれる最高賞・ピープルズチョイス賞を、2017年には約1000点以上の中で最も明確なメッセージを訴求した作品が選ばれるベストストーリーテリング賞を、2018年には約1800点の中から、最も先鋭的な技術が表彰されるベストテクノロジー賞を受賞するなど、ミラノサローネ史上初となる3年連続グランプリの快挙となった。

「ミラノサローネ」では、空調・映像・音響・照明技術を掛け合わせることで、目に見えない価値（体験）をデザインする、新しい領域に挑戦したエモーショナルなインスタレーションを企画。シルキーファインミストとナノイーXで思わず深呼吸したくなる空間をつくったり、霧と映像、音、光、香りで空気を可視化し、五感を心地よく刺激する空間をつくったり、「空間発明」をテーマにパナソニックの技術が実現する、新しい世界を表現してきた。

「空間発明」はパナソニックの持つ商品・事業を複合的に活用するからこそ生まれるもの

で昨今、力を入れて提案しているテーマである。２０１６年には「HOUSE VISION2016」で、ＩｏＴを使って未来のくらしを提案するモデルハウスの展示を行った。

具体的には建築家の永山祐子氏とコラボレーションをし、「の家」と題し、パナソニックが考える、未来の住まいをつくって展示。この「の家」は名前の通り、「の」の字型の丸い壁面に囲まれており、入り口から室内に自然に導かれる設計になっている。さらに曲面の壁はすべてがスクリーンとなり、家の中のどこにいても映画やテレビ電話、Ｗｅｂサイトが自在に楽しめる空間をつくった。「の家」は「空間発明」を、より日々のくらしに落とし込む形の提案を目指したものと言える。

空間とは住居だけではない。エンターテインメントの領域も、パナソニックの技術力が生かせると注力している領域だ。２０１５年には米・ラスベガスのホテル「ベラージオ」で、同ホテルの名物である幅３００メートルの巨大な噴水をスクリーンに仕立て、ウォーター・プロジェクションマッピングのイベントを実施。これはパナソニックと松竹、チームラボのコラボレーションで実現したもので、日本の文化である歌舞伎と最先端のデジタル・テクノロジーの融合をテーマに、歌舞伎の要素を使った新しいエンターテインメントを生み出すことを目的にしている。具体的には、市川染五郎氏と中村米吉氏が主演し、「ベラージオ」の人工湖上の特設ステージで、プロジェクションマッピングと融合した、歌舞伎の

「ミラノサローネ」での展示

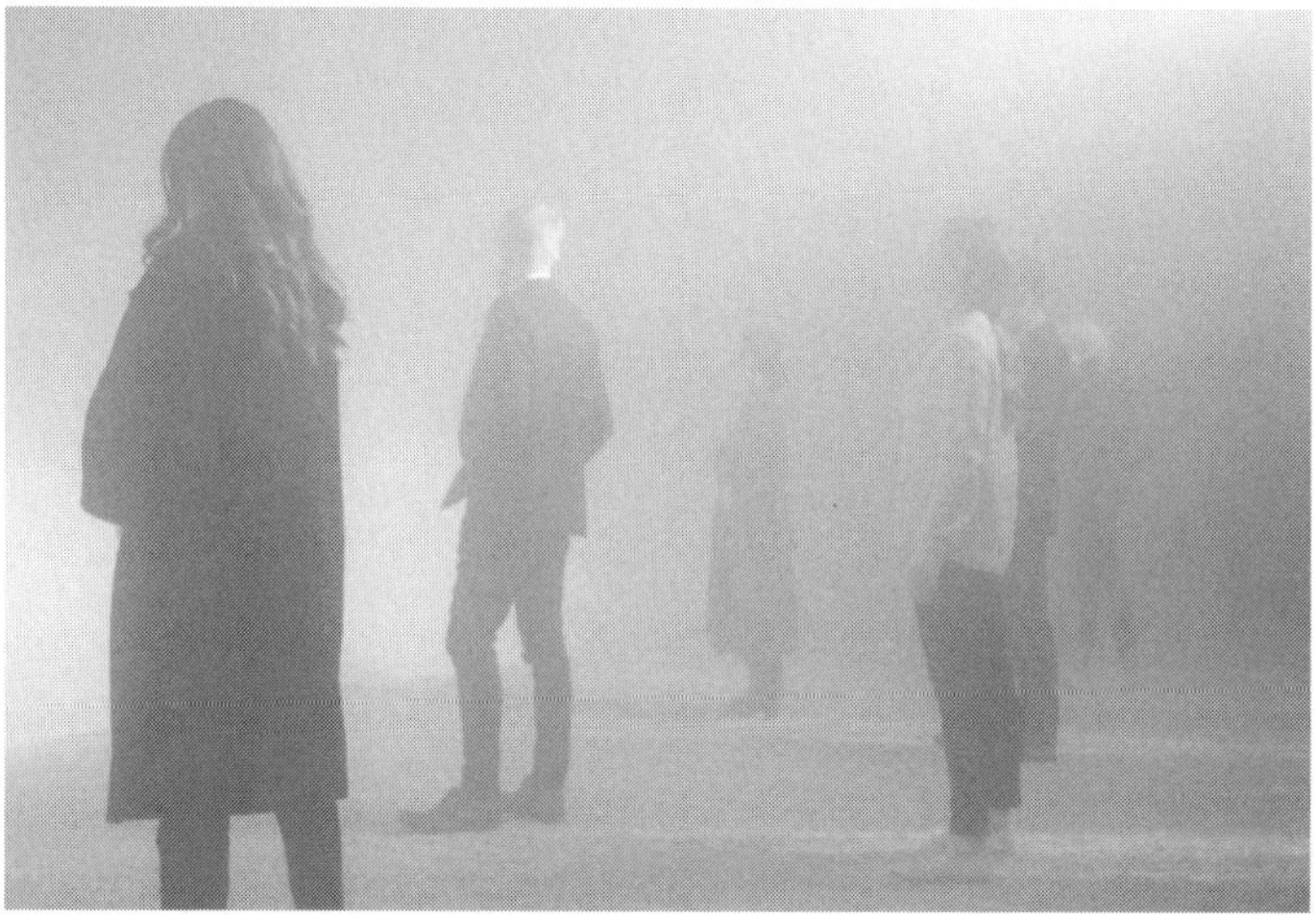

「HOUSE VISION2016」に出展した「の家」

人気演目である「鯉つかみ」を披露した。
翌年5月にも同じくラスベガスにて、松竹と組んで「Wonder KABUKI〝獅子王〟」のパフォーマンスを披露。2021年の東京オリンピック・パラリンピック開催に向け、パナソニックの技術を生かした、新しいエンターテインメントコンテンツの発信に力を入れている。

ラスベガスのイベントで松竹とコラボレーションしたように、昨今はコンテンツホルダーとの共創関係を深めている。例えば2017年にはアミューズと組んで、世界56都市で500万人以上を動員したアルゼンチン発の体験型パフォーマンス「FUERZA BRUTA」のオリジナル公演を東京で企画。ここでは、エンターテインメント業界向けのビジネストライアルとして、映像装置や音響・センシング技術を組み合わせた新しいサイネージシステムを活用し、劇場エントランスやロビー、ラウンジなどの空間演出をサポート。エントランスの柱型サイネージは、ディスプレイと床面のLEDの組み合わせで、来場者を幻想的な世界へといざなった。

これらの取り組みは、コンテンツビジネスの市場可能性を探る目的もある。これまで映ラスベガスで公演した「Wonder KABUKI」

© 松竹株式会社

© 松竹株式会社

像機器などのハードを提供するメーカーとしての役割を担っていたが、パナソニックがコンテンツビジネスにより深く関わることができる可能性があるのではないか、と考えているからだ。「FUERZA BRUTA」でも、自らエンターテインメントコンテンツに協賛、出資、制作に関わったが、こうした活動は最新ソリューションの開発・検証につながっているだけでなく、新規事業の構想を具現化する場としても、生かされている。

2021年に向けて「Wonder」創出の取り組み

2021年に開催される東京オリンピック・パラリンピックに向けても、「Wonder」な価値を創出できるような活動を推進している。その一例が、〝パナソニックのおもてなしイノベーション〟をテーマに、開発中の技術やソリューションを提案した展示会「Wonder Japan 2020」だ。オリンピック組織委員会や官公庁、関係企業と共に、2020年に東京が抱える課題と、パナソニックが提供できるソリューションを展示した（東京大会は、後に延期が決定）。

東京オリンピック・パラリンピックの開催にあたっては、国、官公庁、関連企業が一体となって解決していかなければならない社会的な課題がある。パナソニックでは、東京と体験型パフォーマンス「FUERZA BRUTA」

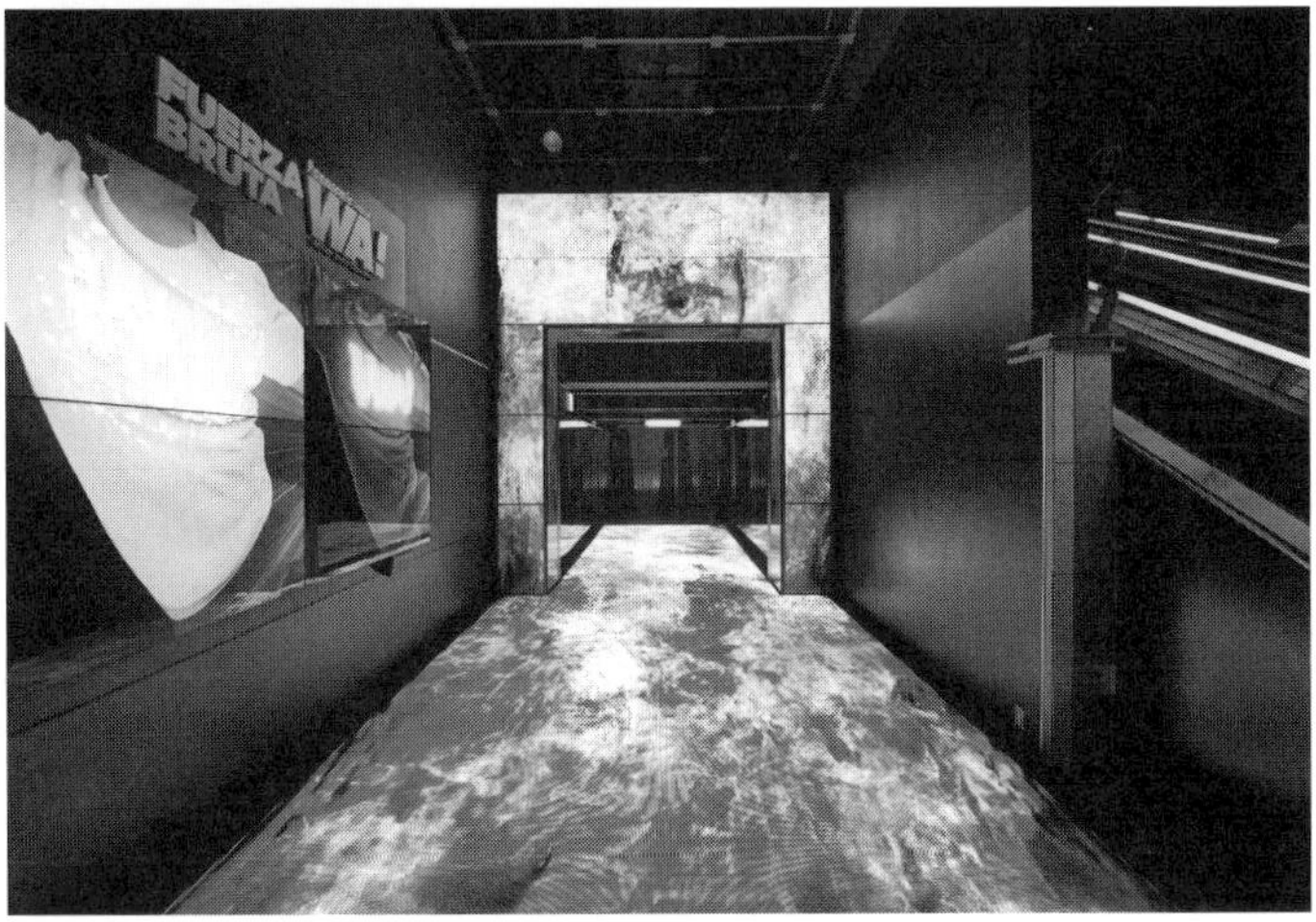

日本が抱える社会課題を「5スマート」、さらにその先に目指す姿として「ネクスト3」の項目を挙げて整理し、各テーマに対してパナソニックが実現できるソリューションをまとめた。

例えば大きな課題として想定されている「交通の利便性」の問題。これに対してパナソニックは、エコで渋滞フリーを実現する未来を提案すべく、電動自転車をシェアする「サイクルシェア」の仕組みや、コンビニなどに設置してバッテリーもシェアできる「バッテリーロッカー」などを展示している。

他に、「環境配慮」の問題に対しては、街の暑さ対策となるグリーンエアコンのソリューションを提案。「コミュニケーション」の問題に対しては、英語・中国語に加え新たにタイ語や専門用語も翻訳できる「多言語音声翻訳システム」を展示し、言語の壁を取り除く提案をしている。

社会課題に対して、具体的な商品の形でソリューション提案をすることが「Wonder」な価値につながる。この「Wonder Japan 2020」展を通じて、来場した取引先や関係者に対して、パナソニックが「Wonder」な商品やサービスを生み出し、新たな価値を創造していく姿勢を伝えているのである。

第9章

事業構想と「SDGsコミュニケーションプロジェクト」

社会課題を解決する新規事業開発—ＳＤＧｓの取り組み

第８章で紹介した「Wonders! by Panasonic」プロジェクトは、コーポレート・アイデンティティ（ＣＩ）を構成する要素のひとつであるビヘイビア・アイデンティティ（ＢＩ）の取り組みとして実践してきた活動だ。さらに昨今、このＢＩの取り組みとしてパナソニックが力を入れているのが第５章でも触れたＳＤＧｓだ。パナソニックのブランドスローガンである「A Better Life, A Better World」は、ＳＤＧｓの理念にも沿うものでもある。現在、ＳＤＧｓに向き合うことで新たな事業構想につなげるプロジェクトも始動している。

その代表的な例としては筆者が携わった、工場跡地を開発した「Fujisawaサスティナブル・スマートタウン」がある。ここで実施している５つのサービスで、ＳＤＧｓが掲げる17のゴールのうち、８つのＳＤＧｓへの貢献を目指している。

ＮＰＯ／ＮＧＯサポートを進化させた「ＳＤＧｓ元年」

パナソニックでは２０１７年頃からＳＤＧｓに力を入れてきた。２０１７年12月に総理大臣官邸で初となる「ジャパンＳＤＧｓアワード表彰式」が開催されるなど、日本国内においても気運が高まりつつある。

第9章 事業構想と「SDGsコミュニケーションプロジェクト」

第5章で触れたような企業市民活動の他、2001年からは「Panasonic NPOサポートファンド」を立ち上げ、子ども分野、環境分野、アフリカ分野で社会課題の解決に向けて活動するNPO／NGOの組織基盤強化を支援するプログラムを展開するなど、社会貢献活動を継続してきた。このファンドはNPOやNGOの組織基盤強化に向けて、資金助成だけでなくコンサルティングなども含め総合的に支援するもので、延べ367件の取り組みをサポートしてきた。

2018年からは、より経営理念に即した社会課題解決に取り組むためにSDGsに着目。SDGsが掲げる17のゴールの中でも「貧困の解消」に焦点を当て、先のファンドを改称し、「Panasonic NPO／NGOサポートファンド for SDGs」として新たなスタートを切っている。

パナソニックがSDGsに向き合うのは、「SDGs元年」と評されるような社会的な気運が高まっていることだけが理由ではない。貧困の解消はパナソニックの創業時の理念、志と重なるテーマであることから、経営理念に基づく社会貢献活動として注力して取り組むべきことであるとの考えがあってのことだ。そしてファンド形式を採っている背景には、パナソニック1社の取り組みだけでなく、世界の貧困問題に向き合う民間のNPO／NGOとも連携することで、課題解決に向けて併走していきたいという思いがある。

ブランドコミュニケーション部門による事業構想の挑戦

ブランドコミュニケーション担当部門が、例えばＣＳＲ活動を担当するケースは、国内企業でも多くあったであろう。パナソニックでは、そこから一歩進んでＣＳＲ活動のアウトプットをブランド価値向上のためのコミュニケーション活動に留めず、事業構想につなげることを目指している。それが２０１９年からスタートした「ＳＤＧｓコミュニケーションプロジェクト」だ。これは第２章で詳述したように、ブランドコミュニケーション活動は事業構想のインキュベーションの機能を果たしうるとの考えがあってのことだ。

本プロジェクトで目指しているのは、ブランドコミュニケーション部門がマインド・アイデンティティ（ＭＩ）を視覚化したビジュアル・アイデンティティ（ＶＩ）だけでなく、社員の行動を喚起するビヘイビア・アイデンティティ（ＢＩ）活動に取り組むことで、コミュニケーション部門の職能を生かしながら、社内における事業構想の実現に貢献をすることである。

具体的にはＳＤＧｓという世界共通言語を旗印にし、社内の社会課題解決意識を醸成しながら（ＢＩ）、社会課題解決ブランドを育て、最終的には社会課題解決ブランドを社内外に発信する（ＶＩ）ことを目指している。第1章で「ＷＨＹ」から始まる「ゴールデンサークル」の考え方を紹介したが、従業員が社会課題、つまりは「ＷＨＹ」となる部分に目を向ける気運をコミュニケーションによって醸成することで、「ＨＯＷ」や「ＷＨＡＴ」つまりは新規事業、商品・サービスのアイデアが生まれる環境がつくれるのではないかという仮説のもと、臨んでいる。

社会課題解決ブランド創出に見える、新しいインキュベーションの形

「ＳＤＧｓコミュニケーションプロジェクト」では、まず自社のこれまでの社会貢献活動を分析・評価、さらに世界のＳＤＧｓ動向を研究し、その結果をコンテンツ化して社内で共有。ここまでが社会課題解決意識を醸成するフェーズだ。前述した従業員がイントラネット上で、日常の中の課題とその解決策を自由に発信できる「Wonder知恵袋」と同様で、特別なプロジェクトチームをつくるのではなく、一人ひとりの従業員が自らの仕事の中で、社会課題解決型の事業構想につながるアイデアを考える気運をつくることを目指している。

SDGsコミュニケーションプロジェクトの概要

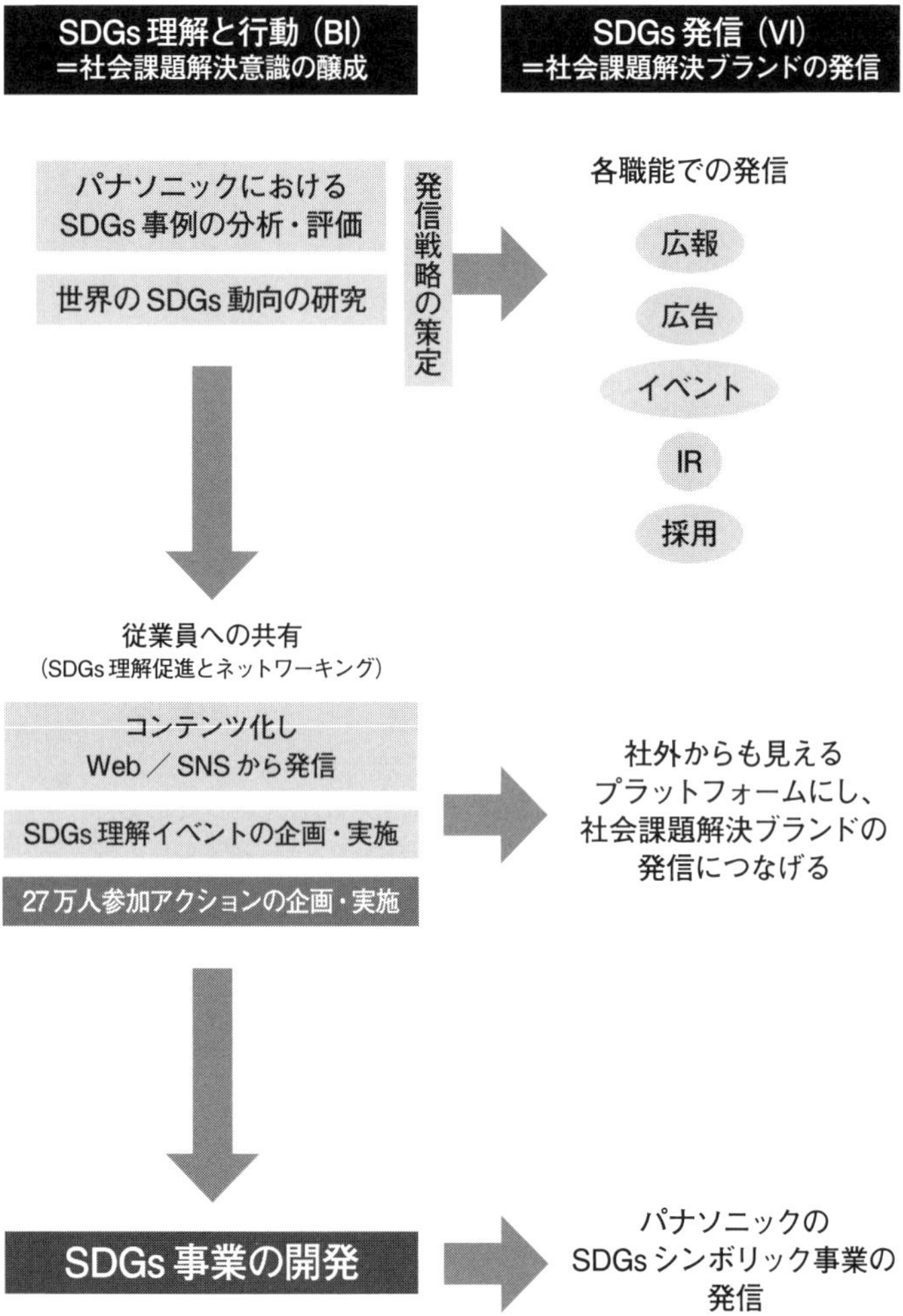

また事業構想においては、自社に閉じこもる必要はないと考えている。先のようなNPO／NGOを対象としたファンドがあるように、社外のパートナーと共創した事業構想も考えられるだろう。筆者が教授を務める事業構想大学院大学では2019年から、東京と大阪で「SDGs新事業プロジェクト研究」を開始し、約60の企業が参加し、SDGsを起点とした新規事業開発、さらにはそこでの参加企業間の連携の可能性を検討してきた。

もともと「SDGs新事業プロジェクト研究」は事業構想大学院大学と、同大学を運営する学校法人先端教育機構に属するもうひとつの大学である社会情報大学院大学との連携により、2018年に発足した「SDGs総研」を基盤に始まったものだ。「SDGs総研」、さらに「SDGs新事業プロジェクト研究」に参加し、共創の有用性も感じている。

かつて、企業間連携は企業同士がオフィシャルな契約関係をもって取り組むことが一般的であった。しかし今後は、社会課題に対する関心を持った組織内の個人と個人がつながり、それが企業間のクロスバリューにつながるような共創が多く出てくるのではないかと予測している。特に社会課題解決型ブランドの創出においては、新しいインキュベーションの形がつくられていくのではないかと考えているし、そこで世界共通の旗印であるSDGsは大きな意味を持つのではないだろうか。

社会課題解決から広がる、新たな市場の可能性

ときに社会課題解決に向けた企業活動は、経営においてコストと受け取られてしまうこともあるだろう。しかし、デロイトトーマツがＳＤＧｓの各目標の市場規模を試算した結果、２０１７年の規模は17の項目の中で小さいものでも70兆円、大きなもので８００兆円に上るとの発表もされている。

通常、企業における新規事業は自社が持つ製品カテゴリやサービス別に発想してしまうことが多い。しかしＳＤＧｓの課題別に事業を考えることで、これまでにない自社の資源の社会における役立ち可能性が見えてくるのではないだろうか。また、自社の製品カテゴリから離れた着想を得る上でも、オープンイノベーションの取り組みは非常に有効に機能するとも考えている。

理念を起点にＳＤＧｓのテーマを特定する

一般社団法人 グローバル・コンパクト・ネットワーク・ジャパン（ＧＣＮＪ）、公

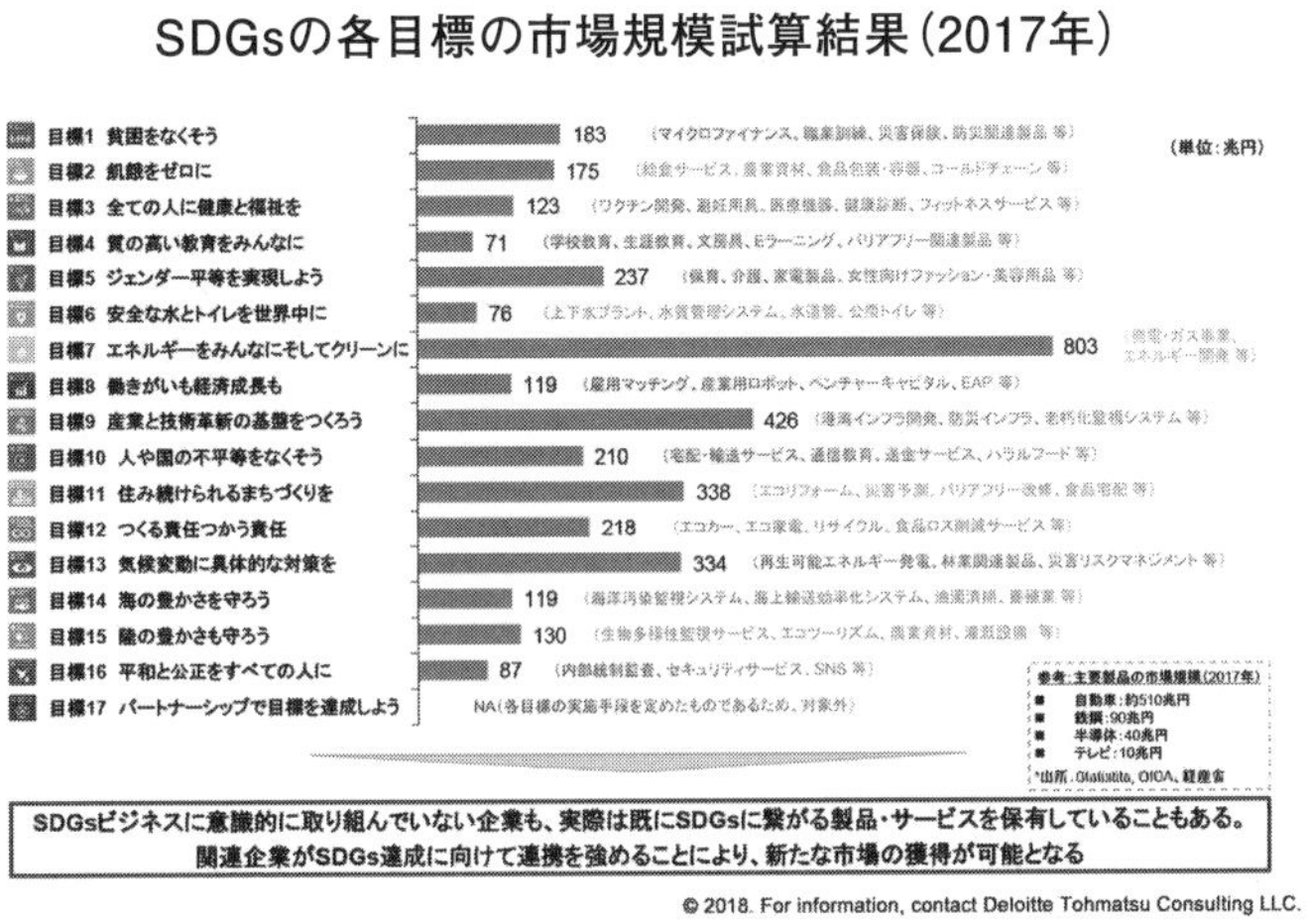

デロイトトーマツが作成した「SDGs の各目標の市場規模」。

益財団法人 地球環境戦略研究機関（IGES）が2018年に刊行した、日本における企業の取り組み実態に関する最新の調査結果をとりまとめた、SDGs日本企業調査レポート2017年度版「未来につなげるSDGsとビジネス～日本における企業の取り組み現場から」によれば、企業において経営の中にSDGsのテーマを取り込み、その活動を根付かせていくためには7つのポイントがあるという。そのポイントとは①企業理念、②経営トップの認識とコミットメント、③中長期の経営計画および目標設定、④CSR・経営層が関与する委員会、⑤社会課題解決を促すための仕組み、⑥報酬制度、⑦中間管理職と事業部門の認識の7つで、ここでも企業理念が起点となっていることがわかる。

ブランドコミュニケーションは「文化資本」を生み出す

本章の最後に筆者が現在、考えている「ＳＤＧｓ×ブランディング」の未来の姿について言及したい。

国内においても企業がＳＤＧｓに取り組む動きは活発化してきている。企業の社会的責任という以上に、ここまで触れてきたように、その取り組みが企業にとって新たな事業構想につながる可能性に注目されているからだろう。

現在の社会環境を見れば、これからの企業における事業構想は経済的価値という側面だけでなく、社会的価値をも内包することが求められていることは間違いがない。本著冒頭でブランドコミュニケーションは、企業において事業構想のインキュベーションとなりうるものとの考察を述べたが、社会課題を解決するＳＤＧｓを軸にした企業コミュニケーションであれば、そもそもそこから生まれるであろう新規事業には社会的価値が内包されている可能性が高い。その意味でも、「ＳＤＧｓ×ブランディング」はコミュニケーション部門の次なる役割を考える際、道しるべになるとの期待がある。

第9章 事業構想と「SDGsコミュニケーションプロジェクト」

最近「SDGs×ブランディング」をテーマに関係者と議論した際、「新国富指標」が話題にあがった。「新国富指標」とは、2012年6月開催の「国連持続可能な開発会議（リオ＋20）」において公開された「新国富報告書2012」で提示された概念である。「新国富指標」とは人口資本・人的資本・自然資本の3つの資本群により構成され、それは国や地域における多様な豊かさを表す指標である。人、自然に由来する豊かさを〝金銭価値〟という世界共通の指標で表せるようにしたことで、当該の国や地域の豊かさに対する寄与を明らかにすることができるというものだ。

第2章「ブランド戦略の基本的な考え方」では、ブランド価値を可視化する取り組みについて言及した。長くブランドコミュニケーション活動の成果は可視化が難しいとされてきたし、筆者も長くコミュニケーション活動に携わる中で、課題と考えてきたことである。それゆえ「新国富指標」について考える時、これからのブランドコミュニケーションにも2つの大きな示唆を与えてくれるのではないかと期待している。

示唆のひとつめは「新国富指標」を取り入れることで、これまで可視化しづらかったブランドコミュニケーション活動の社会的価値も把握できるようになるのではないかということだ。「新国富指標」は、そもそも経済学の思考から生まれたもので、経済的枠組みで社会の豊かさを生み出すための仕組みを捉えたものである。そこで、特に「ＳＤＧｓ×ブランディング」の企業コミュニケーション活動の成果については「新国富指標」が有効に機能する場面があるのではないか、と考えている。

大阪・関西万博で実現させたい、ＳＤＧｓの新たな構想

もうひとつの示唆が「新国富指標」の人口資本・人的資本・自然資本という3つの資本群から派生し、「文化資本」という資本も存在しうるのではないか、と考察できる点だ。筆者は常々、17のテーマで構成されるＳＤＧｓの18番目のゴールになりうるものは「文化資本」との考えを抱いてきた。

特に日本は史跡といった歴史的「文化資本」だけでなく、アニメや映画など現代のクリエイティブ産業が多くの「文化資本」を生み出している。もちろん、理念に基づく企業のブランドコミュニケーション活動も、その資本の一部を構成するものと言えるだろう。そして、日本ならではの「文化資本」を社会に向けて発信できる大きな機会が控えている。それが「ＳＤＧｓ万博」とも表される「２０２５年大阪・関西万博」だ。

筆者は大阪・関西万博の展示の案としてＳＤＧｓコンセプトをモチーフにして、17のゴ

ールに対して17のパビリオンを企画。それぞれのテーマごとに産官学が協力して、どのような社会デザインをすればよいかを構想して発信したらどうかと考えている。さらに、この場で18番目のゴールとして「文化資本」も提案できたらよいのではないだろうか。

日本は社会課題解決のソリューション先進国になれるだけのポテンシャルがあると考えている。そこに技術力だけでなく、文化資本つまりはフィロソフィー（哲学）の提案も加わると、日本ならではの経済的価値と社会的価値が融合した、ソーシャルイノベーションが起こせるのではないかと構想している。

「三方よし」の生まれた日本だからこそ、多くの企業が社会をより良くするための、独自の哲学を持っている。それゆえ、理念に基づくブランドコミュニケーションは企業にとって経済的価値をもたらし、さらに社会に対しては「文化資本」をはじめとする、社会的価値をもたらす。コミュニケーションと事業構想、そして社会貢献の間のボーダーはなくなっていくだろう。

その流れをつくる大きな契機となるのがSDGsであり、その取り組みが進むことでコミュニケーション活動を起点とした、事業構想のあり方が浸透していくことを願いたい。

社会を変える構想とデザイン

SDGsから考える 新しい産業・教育・社会のデザイン

2025大阪“SDGs万博”構想

SDGs(持続可能な開発目標)で実現する未来に向けて、日々理解と関心が高まっている。
SDGsと事業経営の関係、新しい教育のあり方を軸に、大きな契機と成り得る
2025年の大阪・関西万博を“SDGs万博”と掲げ、具体策と実行に向けた道筋を描く。

社会を変える構想とデザイン

2025年大阪・関西万博を
SDGs万博に

パビリオンを地域の目玉に

月刊『事業構想』（2019年7月号）2025年
大阪・関西万博についてSDGs視点で特集。

最終章

「結びに」

広告メディアを取り巻く環境が変わっても「広告宣伝」の使命は変わらない

２０１９年５月16日、17日の２日間にわたり、「第67回全日本広告連盟（全広連）富山大会」が開催された。令和最初の大会である。全国から広告主企業、広告会社、メディア企業の関係者が一堂に会するイベントで、この中で筆者は「広告が直面する課題と広告の未来―広告界が『サスティナブル』であるために」と題するパネルディスカッションに登壇した。

ディスカッションの冒頭では、松下幸之助が書いた『経営心得帖』の中から宣伝に関する考え方を示した文章を紹介した。紹介したのは「メーカーの使命はやはり何と言っても真に人々の役に立ついい品物をつくることだと思います。それなくしては、生産者としての存在価値がないといえましょう。しかし、ただ良品をつくればそれでおしまいかというと、それだけではないと思うのです。そのことを何らかの方法で広く人々に知らしめることが大切だと思います。あるいはまた知らしめる価値のあるものをつくって、はじめて宣伝の必要が出てくる。宣伝できないようなものなら、製造をやめねばならん」という一文だ。

広告産業、そして広告やメディアを取り巻く環境は大きく変化をしている。パナソニックのブランドコミュニケーションの系譜からも、その変化を感じることができる。しかし、どれだけ環境が変わろうとも、松下幸之助が示した「広告宣伝の使命」は企業にとって変わらずに必要とされるものであると考えている。

新規事業も経営理念を伝えるコミュニケーション手段として機能する

筆者は1979年に、現在のパナソニックの前身のひとつである松下電工に入社。そこで宣伝部に配属され、コピーライターの仕事を任命され、広告宣伝の世界でのキャリアを始めることになった。現在、パナソニックのブランドコミュニケーション全般を担務する役割にあるが、そこに至る過程では「エイジフリー」事業や「Fujisawa サスティナブル・スマートタウン」など新規事業開発に携わる経験を多く重ねてきた。

現在の職務に就いたのは2013年だが、広告クリエイティブの仕事から社会人としてのキャリアをスタートし、いま再びブランドコミュニケーションに携わることで、広告クリエイティブ産業が持つ力を改めて感じている。本著ではパナソニックの100年のブランド戦略やコミュニケーション活動の歴史をひもときながら、松下幸之助が掲げた経営理念に対して社内外の共感を醸成する上で、コミュニケーションが非常に重要な役割を成し遂げてきたことを解説してきた。さらに後半の章では今、多くの日本企業に求められているイノベーション、事業構想に際しても、広告という産業のクリエイティビティが役立てられる可能性について言及した。そこで鍵となるのが第2章で提示した「ビヘイビア・アイデンティティ（BI）」という考えだ。

ブランドコミュニケーションの統括者としての役割は、企業ブランドの価値を高めることで経営に貢献することにある。企業ブランドとは端的に言えば、「コーポレート・アイデンティティ（CI）」について考えることだが、「ビジュアル・アイデンティティ（VI）」だけでなく、「マインド・アイデンティティ（MI）」、「ビヘイビア・アイデンティティ（BI）」もその構成要素と考えていくと、コミュニケーション分野が担うべき役割、その可能性も広がっていくのではないだろうか。

特に経営理念に基づく社員の行動を促すBIもコミュニケーション部門の役割と規定すると、経営に対する貢献のアプローチは多岐に広がっていく。家電から始まったパナソニックだが、近年はB to Bの事業も増え、事業内容は多角化しているし、これからも時代環境の変化に合わせて、パナソニックがどう社会に役立てるのかを考え、新たな事業を構想していかなければならない。そして、そこで事業を構想するのは理念に共鳴をし、未来を創ろうとする一人ひとりの社員の行動なのである。

筆者自身が新規事業開発に初めて取り組んだエイジフリーについて紹介した第1章でも

触れたが、新たな事業もまた経営理念に基づくものでなければならないし、さらにはその事業自体が企業の理念、未来の社会に対する思い、志を伝えるコミュニケーション手段としても機能しなければならない。そう考えていくとＢＩ、つまりは社員の行動変革を促す、社会イノベーションを起こす新規事業を創造することもまた、コミュニケーション部門の役割として広がっていくのではないだろうか。

そして本章の冒頭で述べたように、企業のコミュニケーション部門をサポートする広告業界も、同じように広告デザインから事業デザイン、さらには、それが社会にどう役立つのかを考える社会デザインへ。広告クリエイティブ、コミュニケーションが培ってきた、「発・着・想」の力は、企業そして社会の未来を創る事業構想において、大きな役割を果たすべき時が来ているといえる。第２章でビジネスデザイナーの濱口秀司氏を紹介したが、もともと工学部出身で松下電工時代には左脳発想の優秀な技術者であった濱口氏が、Ｚｉｂａでデザイン思考、すなわち右脳発想を身につけ、企業にイノベーションを起こすサポートをしていることからも、クリエイティビティはビジネスの現場で大いに生かされる資源と言えるのではないだろうか。

近年、マーケティング、広告、ブランディングが経営の中で果たすべき役割は、ますます高まっているが、ブランド価値を高める手段は広告デザインだけに留まらない。ブランド価値とは事業、経営活動との連携の中で高めていくことができるものだからだ。

事業や商品について伝えることで終わるのではなく、継続的に経営理念を発信し、ステークホルダーとの接点をつくり、絆を構築し、新たな事業の芽を育んでいく。そう考えると、ブランド戦略とは事業を先導することであり、経営の中核にあるべき役割なのだとわかる。コミュニケーション担当がコミュニケーションに終始する必要はなく、むしろ積極的に事業を創る立場になるべきではないだろうか。

あとがき

「厳倹約」。これは、近江日野商人である山中正吉家に伝わる家訓だ。近江商人とは江戸時代から明治時代にかけ、全国に出店を設けたり、行商をするなどの商いをしていた商人のこと。近江日野商人は、この時期に活躍した近江商人の1グループである。近江日野商人は東北・関東・東海地方の都市、農村部を中心に味噌などの醸造品の製造・販売の出店を展開し、その数は1100店舗にも及んだとの記録が残っている。まだ交通インフラが発達していないこの時代、行商や出店により商圏を拡大するビジネスモデルは、当時でいえばベンチャービジネスだったのではないだろうか。

第1章にて、近江商人研究者である故・小倉榮一郎教授の論考に触れたが、近江商人といえば、「売り手よし、買い手よし、世間よし」の三方よしの概念が、現在のCSVに通じるものとして、近年もしばしば脚光を集めてきた。小倉榮一郎教授は、筆者の父（竹安繁治）と滋賀大学で同僚の関係にあったという縁があるのだが、それに加えて冒頭で紹介した、山中正吉家は妻の実家という関係もある。それだけに理念に基づくコミュニケーションを考える上で、近江商人が培ってきた商いの倫理観は、筆者に大きな影響を与えている。

山中正吉家は日野町西大路出身の日野商人で、初代正吉は合薬の行商で蓄財した後、文政年間（1818年〜1830年）に、駿州天間村（静岡県富士市）で酒造業を始めた。この店舗はほどなく閉店となるものの、天保初年に甲州街道沿いに位置する立宿（現・静岡県富士宮市）で店舗と酒造株を借りて、再度酒造業に乗り出したという。その後も三代目までの間に、酒業を中心とした出店を静岡県内に次々と設け、商圏を広げていったという。

妻の生家は国登録有形文化財となり、現在では「近江日野商人ふるさと館（旧山中正吉邸）」として、近江商人の歴史を今に伝える場として、一般公開もされている。この場に行くと、倹約を旨とし、陰徳善事のこころを大事にした近江日野商人の理念を今も感じることができる。

近江日野商人は陰徳善事の精神に基づき、商いで得た利益を積極的に社会に還元していたという。具体的には「お助け普請」として、飢饉や凶作の際には金銭の他、米や生活用品を提供したり、寺社の造営費や修繕費などを寄進。「近江日野商人ふるさと館」を訪れると、昭和の時代に新たに増築された建物は、地域経済が不況に陥った折に、近隣の住人を支援する目的で買い取った土地に建てられているとのエピソードを聞いた。

また館内には、「厳倹約」という標語が掲げられていたのも印象的だ。客間には装飾が施されているが、居住スペースは非常に質素で、この精神を裏付けるつくりとなっている。行商、出店で商いをする近江日野商人は、自分たちがよそ者であることを理解していた。だからこそ信頼を得るためにどうしたらよいかを常に考え実行していたのだろう。その教えが今も残る「三方よし」の概念として日本の企業にも大きな影響を与えているのではないだろうか。そう考えると、近江日野商人には現代で言うところの共創、共生の理念が浸透していたとも言え、昨今のCSVにつながる兆しを見ることができる。

加えて興味深いのが、近江日野商人の活動に「理念浸透」の取り組みも見られる点だ。近江日野商人は出店で働く奉公人を採用した際、まずは本宅で礼儀作法や商いの精神について教育を施して、その上で全国に飛び立たせたのだ。「近江日野商人ふるさと館」内にも、奉公人の教育に使用した部屋が残されており、江戸時代にも日本には理念に基づくコミュニケーションの伝承が実践されていたことがわかる。

謝辞

本著の執筆作業も佳境を迎えた２０１９年夏。筆者は、旧・山中正吉邸を訪れていた。この時の訪問は、学校法人先端教育機構理事長の東英弥氏、同・教育機構の事業構想大学院大学の学長・田中里沙氏にも同行いただいた。本著執筆の機会をいただいた両名に、原稿の完成を前に一度、自分の「事業構想型ブランドコミュニケーション」の気づきをもらった原点ともいえる場所を案内したかったからだ。

筆者は現在、事業構想大学院大学にて教授として参画している。東理事長が提唱する「理論と実務の融合」という大学院運営の方針、そして「事業構想」の考えに、ひとりの実務家として共感したからだ。これまで教壇に立ち、志をもって事業を構想し、それを具体化しようとする院生と向き合う中で、自分の実務経験において体系化される部分が見えてきた。本著は、まさに筆者にとっての「理論と実務の融合」の結晶ともいえるもので、改めて出版に至るまでのサポートをしていただいた東理事長、田中学長にお礼を申し上げたい。

また編集担当の株式会社宣伝会議、月刊『宣伝会議』編集長の谷口優氏にもお礼を申し上げたい。東理事長が代表取締役会長を務める宣伝会議は、パナソニックの１００周年を記念し、制作した『パナソニック宣伝１００年の軌跡』の企画編集でもお世話になっている。

そして、執筆のサポートさらに、日本ならではの「三方よし」の概念のすばらしさについて気づきを与えてくれた妻の美代子に心から感謝したい。

本著がブランドコミュニケーションに携わる実務家、学術家の皆さまのお役に立てれば幸いに思う。

２０２０年６月

竹安　聡

事業構想型
ブランドコミュニケーション

2020年6月27日　初版第一刷発行

著者　竹安 聡

発行者　東英弥
発行　事業構想大学院大学出版部

発売　株式会社宣伝会議
〒107-8550
東京都港区南青山3-11-13
TEL. 03-3475-7670（販売）
TEL. 03-3475-3010（代表）
http://www.sendenkaigi.com/

表紙デザイン　小口翔平　岩永香穂（tobufune）
本文デザイン　デジカル
印刷・製本　株式会社暁印刷

ISBN 978-4-88335-498-6

竹安 聡（たけやす・さとし）

パナソニック株式会社ブランドコミュニケーション本部長、施設管財担当、企業スポーツ推進担当。事業構想大学院大学教授。１９５６年10月生まれ。大阪府出身。

１９７９年、同志社大学商学部卒業。同年、松下電工株式会社入社。

事業企画部長、マーケティング部長を経て、２００５年執行役員・経営企画室長。

２００８年、パナソニック電工株式会社取締役。

２０１２年４月、パナソニック株式会社役員・エコソリューションズ社副社長。

２０１８年４月より、執行役員・チーフ・ブランド・コミュニケーション・オフィサー（ＣＢＣＯ）兼ブランドコミュニケーション本部長。この間、新規事業として介護商品・介護サービスを総合的に取り扱うパナソニックエイジフリー株式会社を創設・拡大。ほかに海外企業のＭ＆Ａ、各種ソリューションビジネスを立ち上げる。